"创新设计思维"
数字媒体与艺术设计类新形态丛书

全|彩|慕|课|版

Illustrator 2022
平面设计案例教程

瞿颖健 李炎卉 尚展垒 主编
区穗玲 李欣怡 于子敬 副主编

U0287812

人民邮电出版社
北 京

图书在版编目（ＣＩＰ）数据

Illustrator 2022平面设计案例教程：全彩慕课版 /
瞿颖健，李炎卉，尚展垒主编. -- 北京：人民邮电出版
社，2023.12
（"创新设计思维"数字媒体与艺术设计类新形态丛
书）
ISBN 978-7-115-62567-0

Ⅰ．①Ⅰ… Ⅱ．①瞿… ②李… ③尚… Ⅲ．①平面设
计－图形软件－教材 Ⅳ．①TP391.412

中国国家版本馆CIP数据核字(2023)第160473号

内 容 提 要

本书是一本全面讲解 Illustrator 平面设计应用的教材，注重案例选材的实用性、步骤的完整性、思维的扩展性，可帮助读者掌握案例的设计理念及制作思路。

本书共 12 章，前 7 章针对 Illustrator 的基础操作、初级绘图、颜色设置、对象变换与管理、高级绘图、文字与排版、效果的运用进行了介绍，后 5 章针对 UI 设计、海报设计、书籍设计、网页设计、包装设计等热门应用行业的综合案例进行了讲解。

本书可作为普通高等院校平面设计相关专业的课程教材，也可作为相关行业设计人员的参考书。

◆ 主　　编　瞿颖健　李炎卉　尚展垒
　　副 主 编　区穗玲　李欣怡　于子敬
　　责任编辑　韦雅雪
　　责任印制　王　郁　陈　犇
◆ 人民邮电出版社出版发行　　北京市丰台区成寿寺路 11 号
　　邮编　100164　 电子邮件　315@ptpress.com.cn
　　网址　https://www.ptpress.com.cn
　　雅迪云印（天津）科技有限公司印刷
◆ 开本：787×1092　1/16
　　印张：13　　　　　　　　　　　2023 年 12 月第 1 版
　　字数：331 千字　　　　　　　　2023 年 12 月天津第 1 次印刷

定价：79.80 元

读者服务热线：(010)81055256　印装质量热线：(010)81055316
反盗版热线：(010)81055315
广告经营许可证：京东市监广登字 20170147 号

Illustrator 是一款深受用户青睐的矢量绘图软件，被广泛应用于商标设计、插画设计、海报设计、书籍设计、VI 设计、包装设计、UI 设计等。很多院校也都开设了 Illustrator 平面设计的相关课程。

党的二十大报告中提到："教育、科技、人才是全面建设社会主义现代化国家的基础性、战略性支撑。"为了帮助广大院校培养优秀的平面设计人才，本书以 Illustrator 2022 为蓝本，以软件基础 + 实操 + 扩展练习 + 课后习题 + 课后实战为特色结构，在讲解各部分软件基础应用的同时，搭配讲解步骤详细的完整的案例。本书的大部分案例包含项目诉求、设计思路、配色方案、项目实战模块，让读者不仅能学习案例的技术步骤，还能看懂案例的设计思路及理念。

本书特色

◎ 章节合理。第 1 章主要讲解 Illustrator 软件的入门操作，第 2 ~ 7 章按软件技术分类讲解具体应用知识，第 8~12 章是综合应用案例。

◎ 结构清晰。本书大部分章节采用软件基础 + 实操 + 扩展练习 + 课后习题 + 课后实战的结构进行讲解，让读者实现从入门到精通掌握软件应用的目标。

◎ 实用性强。本书精选实用性强的案例，以便读者应对多种行业的设计工作。

◎ 项目式案例解析。本书案例大多包括项目诉求、设计思路、配色方案、项目实战模块，案例讲解详细，有助于提升读者的综合设计素养。

教学资源

本书提供了丰富的教学资源，读者可登录人邮教育社区（www.ryjiaoyu.com），在本书页面中下载。

教学视频：本书所有案例均配套微课视频，扫描书中二维码即可观看；本书还配套慕课视频，读者可登录人邮学院（www.rymooc.com）平台观看。

素材和效果文件：本书提供了所有案例需要的素材和效果文件，素材和效果文件均以案例名称命名。

素材文件

效果文件

教学辅助文件：本书提供 PPT 课件、教学大纲、教学教案、拓展案例库、拓展素材资源等。

PPT 课件

教学大纲

教学教案

拓展案例库

拓展素材资源

编者团队

本书由瞿颖健、李炎卉、尚展垒担任主编，由区穗玲、李欣怡、于子敬担任副主编。由于时间仓促，加之水平有限，书中难免存在错误和不妥之处，请广大读者批评指正。

编者
2023 年夏

CONTENTS 目录

第 **3** 章 40

颜色设置

第 **4** 章 64

对象变换与管理

第 **5** 章 85

高级绘图

第8章
游戏 App 用户排名界面

第9章
儿童节海报

第10章
建筑书籍内页版面

第11章
美食网站首页

第12章
休闲食品包装

第1章

基础操作

学习 Illustrator 前，首先需要对 Illustrator 有初步的认识，认识工作界面，熟悉工具箱、命令菜单与面板，进而学习 Illustrator 的基础操作，如打开文件、新建文件、存储文件、置入、导出等。掌握这些操作可以帮助我们更好地使用该软件进行图形的绘制与编辑。

本章要点

★ 知识要点

❖ 熟悉软件中的工具、命令、面板的使用方法

❖ 掌握新建、置入、存储、打开、关闭、导出文件的方法

❖ 掌握"画板工具"的使用方法

1.1 熟悉 Illustrator 的工作环境

Illustrator是Adobe公司推出的一款专业的矢量图形编辑软件，被广泛应用于广告设计、UI设计、网页设计、包装设计、书籍设计等领域。

同时，Illustrator也可以和其他Adobe软件无缝集成，如Photoshop、InDesign等，以方便地完成复杂的设计项目，如图1-1所示。

图 1-1

1.1.1 认识 Illustrator 的工作界面

本节将开始学习Illustrator的第一步——熟悉Illustrator的工作界面。

（1）将软件打开后，看到的是Illustrator的主页，当前页面中只能显示部分软件功能。单击左侧的"新建"按钮，在弹出的"新建文档"对话框中选择任意一个预设的尺寸，然后单击"创建"按钮，如图1-2所示。

图 1-2

（2）创建新文档后，就可以看到完整的Illustrator的工作界面，如图1-3所示。

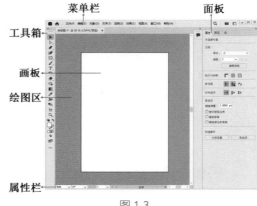

图 1-3

1.1.2 如何使用 Illustrator 中的工具

工具箱位于界面左侧，其中包含各种常用的绘图、选择、调整和编辑工具。工具箱中的工具经常与控制栏或者"属性"面板配合使用。

（1）默认情况下，工具箱为"基本"模式。在该模式下工具显示不完整，执行"窗口>工具栏>高级"命令即可显示全部工具，如图1-4所示。

（2）单击工具箱中的工具按钮即可将该工具选中。如果工具按钮右下角带有三角形图标，那么说明这是一个工具组。在工具组上单击鼠标右键可以看到工具组中的其他工具，如图1-5所示。

（3）如果要选择工具，则将鼠标指针移动到需要选择的工具上单击，如图1-6所示。

图 1-4

图 1-5

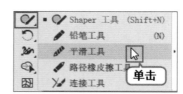

图 1-6

（4）执行"窗口>控制"命令，可以显示出控制栏，如图1-7所示。

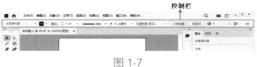

图 1-7

提示:

为了便于操作，本书中控制栏都处于开启状态。

（5）控制栏和"属性"面板的作用相似，都能够配合工具进行图形的编辑操作。例如，单击工具箱中的"矩形工具" ▢，观察控制栏和"属性"面板，可以看到有多个相同的选项，如图1-8所示。用户在操作时，可以根据自己的习惯选择相关设置方式。

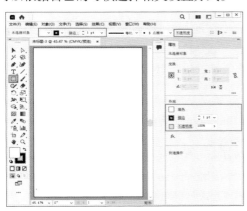

图 1-8

1.1.3 如何使用 Illustrator 中的命令

菜单栏位于界面顶部，由多个菜单组成。通过菜单的名称，用户可以大概猜出菜单中命令的使用范围。例如，"文字"菜单中的命令主要是针对文字进行编辑的。

（1）单击菜单可以看到菜单列表。例如，单击"文件"菜单，将鼠标指针移动至菜单名称位置会高亮显示，此时单击即可执行该命令，如图1-9所示。

图 1-9

（2）部分命令名称右侧有功能键加字母键的组合，这是该命令的快捷键，同时按下这些键可以快速执行该命令。

（3）部分命令名称右侧带有 › 图标，表示该命令带有子菜单，如图1-10所示。

图 1-10

1.1.4 如何使用 Illustrator 中的面板

Illustrator中包含很多个面板，每个面板都有不同的功能。默认情况下，面板堆叠在界面右侧。面板可以通过"窗口"菜单打开或关闭。

（1）为了保证读者软件界面与书中截图一致，可以执行"窗口>工作区>重置基本功能"命令，将软件恢复到默认状态。

（2）打开Illustrator后，默认情况下，"属性""图层""库"面板堆叠在界面右侧，此时显示的是"属性"面板，如图1-11所示。

图 1-11

（3）单击面板名称即可切换到该面板。例如，单击"图层"即可切换到"图层"面板，如图1-12所示。

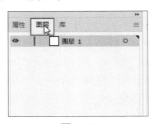

图 1-12

（4）在面板名称位置单击鼠标右键，执行"关闭"命令可以将该面板关闭，如图1-13所示。

图 1-13

（5）将面板关闭后，可以通过"窗口"菜单再次打开。"窗口"菜单中提供了面板的列表，单击某个面板名称可以打开或关闭相应的面板，如图1-14所示。

图 1-14

> **提示：**
>
> 面板名称左侧带有"对号"标记✔，表明该面板已显示在界面中。

1.1.5 调整软件界面

（1）默认的软件界面为深色，用户可以进行更改。执行"编辑>首选项>用户界面"命令，打开"首选项"对话框。"亮度"选项用于设置整个界面的颜色，有4个颜色选项。这里选择最右侧的浅灰色，设置完成后单击"确定"按钮，如图1-15所示。

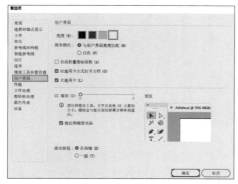

图 1-15

（2）在实际工作中，面板不仅可以堆叠在界面右侧，还可以"悬浮"在界面中，以便用户使用。将鼠标指针移动到面板名称位置，按住鼠标左键向界面外拖曳，释放鼠标左键即可将面板单独显示，如图1-16所示。将面板向面板堆栈中拖曳，可以将面板重新堆叠到界面右侧。

图 1-16

（3）执行"窗口>工作区>重置基本功能"命令，可以将软件界面恢复到默认状态。

1.2 新建与保存文件

要"从零开始"设计制图工作，就需要在Illustrator中新建一个文件。

1.2.1 新建文件

在Illustrator中新建文件有两种思路：一种是选择软件提供的预设尺寸，另一种是自定义尺寸。

（1）执行"文件>新建"命令，打开"新建文档"对话框。对话框顶部展示了多个常见的设计制图项目类别（也被称作"预设类别"），包括"移动设备""Web""打印""胶片和视频""图稿和插图"5个。每个类别下又列举了多种常用的尺寸。

例如，单击"图稿和插图"，会显示常用尺寸的预设，选择一个预设后，右侧会出现相应的参数，此时单击"创建"按钮即可完成文档的创建，如图1-17所示。

> **提示：**
>
> 新建文件时，文件的尺寸、分辨率、颜色模式都是非常重要的属性，会直接影响到新建文件的可用性。

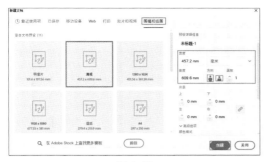

图 1-17

（2）软件界面中出现相应的空白文档，如图1-18所示。

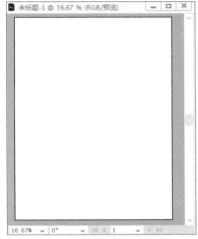

图 1-18

（3）在"新建文档"对话框中，不仅可以通过预设尺寸来创建文档，还可以自定义尺寸。这里通过新建一个用于制作名片的文档来讲解如何新建文档。对话框右侧上方的位置可以输入新建文档的名称，如图1-19所示。

图 1-19

（4）设置文档尺寸前，需要选择单位。例如，该文档如果用于印刷，可以选择"毫米"；如果用于数字化浏览，则需要选择"像素"，接着设置"宽度"和"高度"。这里设置单位为"毫米"，"宽度"为90mm、"高度"为55mm，如图1-20所示。

图 1-20

（5）"方向"选项用于设置画板的方向，有纵向和横向两种。单击相应按钮即可进行选择，这里设置为横向。名片有正反两面，需要两个画板，这里设置画板数量为2，如图1-21所示。

图 1-21

（6）裁切印刷品时，会有1～3mm的裁切误差。为了预防裁切误差过大，导致裁切掉重要内容或留下白边，需要设置出血数值。一般情况下，出血数值设置为3mm，如图1-22所示。

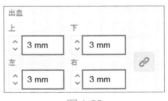

图 1-22

（7）"颜色模式"是用于记录图像颜色的。例如，用于打印的文档需要设置为CMYK模式、用于数字化浏览的文档需要设置为RGB模式。"光栅效果"用于为文档中的栅格效果设置分辨率。因为名片是印刷品，所以设置"颜色模式"为CMYK、"光栅效果"为"高"。设置完成后单击"创建"按钮，如图1-23所示。

（8）当前文档包括两个画板，外侧还有一圈红色的出血线，如图1-24所示。

图 1-23

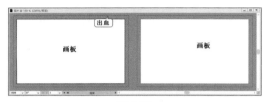

图 1-24

1.2.2 调整画板

　　画板大小指的是新建文档时，最初设定的文档的尺寸。使用"画板工具"可以对画板的大小、方向、数量进行调整。

　　（1）选择工具箱中的"画板工具" ，画板将处于激活状态，在控制栏中可以对画板进行编辑操作，如图1-25所示。

图 1-25

　　（2）制作多页或多面的文档（如名片的正反面、多页宣传册等）时，可以在当前文档中新建多个画板。单击控制栏中的"新建画板"按钮 ⊞，即可创建一个新的画板，如图1-26所示。

图 1-26

　　（3）选择工具箱中的"画板工具"，单击画板即可将画板选中，在控制栏中可以更改"宽"和"高"的数值。用户还可以直接拖曳控制点调整画板尺寸，如图1-27所示。

图 1-27

图 1-28

1.2.3 向文件中添加素材

在Photoshop中，向文件中添加素材的操作叫作"置入"。在平面设计中经常会使用到素材图片，所以置入操作非常常用。

（1）新建文档后，执行"文件>置入"命令，在弹出的"置入"对话框中选中需要置入的对象，勾选"链接"复选框，然后单击"置入"按钮，如图1-29所示。

图 1-29

（2）回到画面中，此时鼠标指针右下角会显示置入对象的缩览图，单击鼠标左键即可完成置入操作，如图1-30所示。

图 1-30

（3）此时置入的对象带有"×"，如图1-31所示。这是因为在"置入"对话框中勾选了"链接"复选框，那么什么是"链接"呢？链接是置入对象只在文档中显示，不属于这个文档，当置入对象的保存位置发生变化或内容发生变化时，链接对象也会随之发生变化。

图 1-31

接下来讲解另外一种置入对象的方式——嵌入。

（1）执行"编辑>还原"命令或按Ctrl+Z组合键撤销置入操作，接着再次执行"文件>置入"命令进行置入，在"置入"对话框中选中需要置入的素材，取消勾选"链接"复选框，单击"置入"按钮，如图1-32所示。

图 1-32

提示：

如果要取消后退的操作，则可以连续执行"编辑>重做"命令或者按Shift+Ctrl+Z组合键，逐步恢复被后退的操作。

（2）执行嵌入操作后，对象上的"×"消失，如图1-33所示。嵌入操作适合文档内容较少的情况，因为嵌入对象会使文件变大，增加计算机的运行压力。

图 1-33

（3）对于链接的图像，也可以单击控制栏中的"嵌入"按钮，将置入的对象嵌入文档中，如图1-34所示。

图 1-34

1.2.4 更改文档的颜色模式

除了可以在"新建文档"对话框中选择颜色模式外，也可以更改已有文档的颜色模式。执行"文件>文档颜色模式"命令可以更改颜色模式，如图1-35所示。

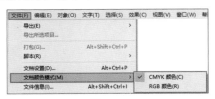

图 1-35

1.2.5 存储文件

设计制图工作完成后，"存储"是至为重要的一个步骤。

（1）新建文档后，选择工具箱中的"矩形工具"，在画面中按住鼠标左键拖曳绘制一个矩形，如图1-36所示。

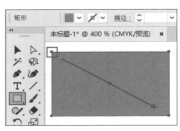

图 1-36

（2）执行"文件>存储"命令或者按Ctrl+S组合键，在弹出的"存储为"对话框中找到存储位置，"文件名"选项用于设置文件的名称，"保存类型"选项用于设置文件的格式，这里可以选择".AI"，接着单击"保存"按钮，如图1-37所示。

图 1-37

（3）此时弹出"Illustrator选项"对话框，"版本"选项用于选择软件版本。如果该文档需要在低版本软件中打开，那么存储时要选择相应的版本。然后单击"确定"按钮，即可完成文件存储操作，如图1-38所示。

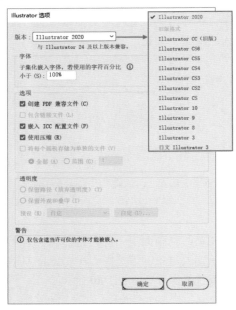

图 1-38

（4）存储完成后如果再次编辑文档，如再次使用"矩形工具"绘制新的矩形，则可以观察到标题栏位置文档名称右侧带有"*"，说明该文件尚有未保存的操作，如图1-39所示。此时再次按Ctrl+S组合键，不会弹出对话框，而是直接保存，新的操作会覆盖上一次保存的操作，保存后"*"图标会消失。

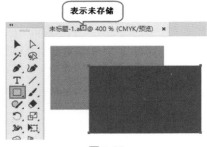

图 1-39

（5）如果要将文件再保存一份，则执行"文件>存储为"命令或按Shift+Ctrl+S组合键，在弹出的"存储为"对话框中设置其他的存储位置或名称。

1.2.6 将文件导出为其他格式

使用"存储"和"存储为"命令是将文件存储为可再次编辑的AI格式源文件,而源文件保存后通常会保存一份方便预览、传输的通用图像格式文件,如JPEG、TIFF格式等。这就需要使用"导出为"命令。

(1)以导出JPEG格式图像为例,执行"文件>导出>导出为"命令,打开"导出"对话框。先找到合适的存储位置,"文件名"选项用于设置文件的名称,在"保存类型"下拉列表中选择"JPEG(*.JPG)"选项,接着单击"导出"按钮,如图1-40所示。

图 1-40

> 提示:
>
> 导出JPEG文件时,如果不勾选"使用画板"复选框,那么出现在画板以外的内容也会出现在画面中,且图像尺寸可能与最初设定尺寸有差异。
>
> 如果要保证文档中的内容全部出现在导出的图像中,则可以不勾选"使用画板"复选框。如果要保证导出的图像尺寸与最初设定尺寸相同,则需要勾选"使用画板"复选框。

(2)在弹出的"JPEG选项"对话框中,可以对"颜色模型""品质""分辨率"等选项进行设置,最后单击"确定"按钮,如图1-41所示。

> 提示:
>
> TIFF格式为无损压缩文件,压缩率低,所占空间大,但是画质高于JPEG格式。对画质要求高时,可以导出为TIFF格式。

> PNG格式是一种支持透明背景的无损压缩格式,它可以保留图像的细节、颜色和透明度,常用于存储带有透明区域的图像。

图 1-41

1.2.7 实操:置入素材制作果汁海报

文件路径:资源包\案例文件\第1章基础操作\实操:置入素材制作果汁海报

案例效果如图1-42所示。

图 1-42

1. 项目诉求

这是一款果汁类饮品的海报设计项目,要求在海报中强调该饮品的口感特点。例如,可以使用文字描述或配合图像展示果汁饮品的口感,吸引消费者尝试,使消费者产生天然、健康、新鲜等正向联想。

2. 设计思路

本案例主要是利用提供的素材来练习文件的新建、置入、存储等操作。在制作过程中,首先需要创建合适大小的文档,然后置入渐变素材作为背景,营造出凉爽的画面氛围;接着置入橙子素材作为海报边缘的装饰元素来丰富画面，同时表现出产品的口味；最后置入果汁与文字素材，通过动态化的果汁外溅效果，形成较强的代入感，引发消费者对果汁美味口感的联想。

3. 配色方案

整个海报采用象征着大自然的蓝、绿和橙色，色彩丰富、清新自然。橙色和蓝色互为对比色，绿色在画面中作为调和色让其对比减弱，在让整个画面气氛活跃的同时，不至于太过刺激。果汁海报的主要用色如图1-43所示。

图 1-43

4. 项目实战

（1）执行"文件>新建"命令，在弹出的"新建文档"对话框中单击"打印"按钮，然后单击选择A4尺寸，设置方向为"纵向"，最后单击"创建"按钮，如图1-44所示。

图 1-44

（2）执行"文件>置入"命令，在弹出的"置入"对话框中选中本案例配套的素材1（1.png），然后单击"置入"按钮，如图1-45所示。

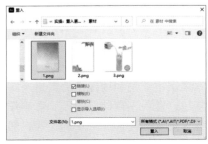

图 1-45

（3）在画面中单击完成置入，将图片移动到画板中间。然后单击控制栏中的"嵌入"按钮将图片嵌入，如图1-46所示。

图 1-46

（4）通过另一种方式置入图片。找到本案例配套的素材文件夹，选中素材2（2.png），按住鼠标左键将其向画面中拖曳，如图1-47所示。

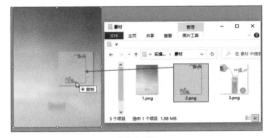

图 1-47

（5）释放鼠标左键完成置入操作，然后调整素材位置并单击控制栏中的"嵌入"按钮将图片嵌入，如图1-48所示。

图 1-48

（6）继续置入果汁素材3（3.png），将其摆放在合适位置并嵌入，如图1-49所示。

图1-49

（7）保存文件。执行"文件>存储"命令，因为是第一次保存，所以会弹出"存储为"对话框，在该对话框中找到合适的存储位置，设置合适的文件名称，并设置"保存类型"为AI，然后单击"保存"按钮，如图1-50所示。

图1-50

（8）在弹出的"Illustrator选项"对话框中设置版本为Illustrator 2020，单击"确定"按钮完成保存操作，如图1-51所示。

图1-51

（9）保存一份JPG格式文件，以便用户预览和传输。执行"文件>导出>导出为"命令，在弹出的"导出"对话框中设置"保存类型"为JPEG格式，然后单击"导出"按钮，如图1-52所示。

图1-52

（10）在弹出的"JPEG选项"对话框中设置"颜色模型"为CMYK，"品质"为10，然后单击"确定"按钮完成保存操作，如图1-53所示。

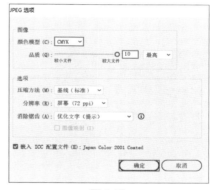

图1-53

（11）找到文件的存储位置，可以看到两个不同格式的文件，如图1-54所示。

图1-54

1.3 打开与关闭文件

1.3.1 打开已有的文件

要想继续完成之前的设计文件，就需要先将之前存储好的AI格式源文件在Illustrator中打开。

（1）执行"文件>打开"命令，在弹出的"打开"对话框中选择需要打开的文件，单击"打开"按钮，如图1-55所示。

图 1-55

（2）该文件将在软件中打开，如图1-56所示。

图 1-56

（3）双击AI格式的文件，如图1-57所示。用户也可以将其在软件中打开。

图 1-57

（4）在Illustrator中可以打开多种格式的文件，如JPEG、BMP、PNG、TIFF等，还可以打开用CorelDRAW制作的.CDR格式的文件，以及用Photoshop制作的.PSD格式的文件。除此之外，如需在软件中打开文字类的文档，则可将文档存储为.DOC或.TXT格式。

在"格式"下拉列表中，用户可以看到软件支持的文件格式，如图1-58所示。

图 1-58

1.3.2 查看画面的不同区域

在设计制图的过程中，用户经常需要对画面的细节进行刻画。使用"缩放工具" ![Q] 可以放大或缩小画面的显示比例；使用"抓手工具" ![手] 可以平移画布。这两个工具可以帮助用户方便地查看图像。

（1）打开文件，如图1-59所示。

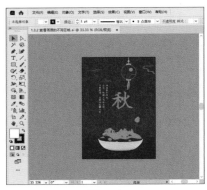

图 1-59

（2）选择工具箱中的"缩放工具" ![Q]，此时鼠标指针呈![Q]状。将鼠标指针移动至画面中，在需要放大显示的位置按住鼠标左键向右下方拖曳，拖曳位置显示比例将放大，如图1-60所示。

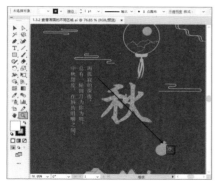

图 1-60

（3）当显示比例放大后，窗口只显示部分画面。选择工具箱中的"抓手工具"或者按住Space键（即空格键），在画面中拖曳鼠标，可以看到窗口中显示的画面区域发生了变化，如图1-61所示。

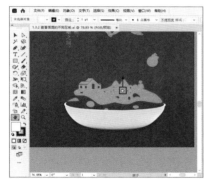

图 1-61

（4）如果要将显示比例缩小，则选择工具箱中的"缩放工具"，按住Alt键，此时鼠标指针呈状，按住鼠标左键向左上角拖曳即可，如图1-62所示。

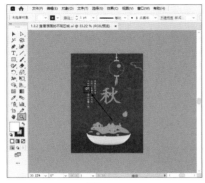

图 1-62

1.3.3 关闭文件

（1）单击文件名称右侧的 按钮即可将文件关闭，如图1-63所示。执行"文件>关闭"命令或按Ctrl+W组合键也可以将文件关闭。

图 1-63

（2）如果要关闭软件，则单击界面右上角的 按钮即可，如图1-64所示。

图 1-64

1.4 打包文件

使用"打包"命令可以收集当前文档使用过的以"链接"形式置入的图像素材和字体。这些图像文件和字体文件将被收集在一个文件夹中，以便用户存储和传输文件。

（1）作品（见图1-65）制作完成后需要保存才可以打包。

图 1-65

提示：

如果文档中使用的图像素材为"链接"形式，或者使用了某些特殊的字体，则在其他计算机中打开这个文档时，很可能会出现丢失图片链接、缺少对应字体的情况，画面效果也会发生变化。为应对这种情况，需要使用"打包"命令。

（2）执行"文件>打包"命令，在弹出的"打包"对话框中单击█按钮，打开"选择文件夹位置"对话框，从中选择一个合适的位置，然后单击"选择文件夹"按钮，设置文件夹名称，最后单击"打包"按钮，如图1-66所示。

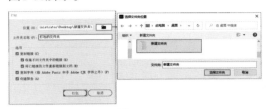

图 1-66

（3）在弹出的对话框中单击"确定"按钮，如图1-67所示。

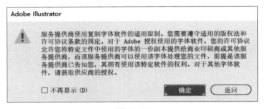

图 1-67

（4）在弹出的另一个对话框中单击"显示文件包"按钮（见图1-68），可以在完成打包后显示打包的文件夹。

图 1-68

（5）此时在文件夹中可以看到打包的内容，如图1-69所示。

图 1-69

（6）将整个文件夹复制到其他计算机中，并安装Fonts中的字体文件，该计算机中将会出现相应的字体。Links文件夹中则会显示文档中链接的图像。

Illustrator 2022 平面设计案例教程（全彩慕课版）

1.5 在 Illustrator 中打印文件

设计稿件制作完成后，经常需要打印。下面讲解如何在Illustrator中打印文件。

（1）打开需要打印的文件，如图1-70所示。

图 1-70

（2）执行"文件>打印"命令，打开"打印"对话框，如图1-71所示。在该对话框中可以预览打印作业的效果，还可以对打印机、打印份数、缩放比例、输出选项和颜色管理等进行设置。

图 1-71

1.6 扩展练习：制作手机展示页面

文件路径：资源包\案例文件\第1章 基础操作\扩展练习：制作手机展示页面

案例效果如图1-72所示。

图 1-72

1.6.1 项目诉求

本案例需要制作一款手机的展示页面。其主要目的是通过色彩、构图的合理搭配，向用户清晰、直观地展示手机的视觉效果。

1.6.2 设计思路

本案例提供了背景及主体物，如果直接将主体物置于背景中，则画面难免会显得单调。这里将主体物手机复制一份，以一前一后的方式摆放在背景中，不仅能够强调主体物的存在感，同时也能够更好地聚拢观者的视线。

1.6.3 配色方案

已有的手机展示页面中使用了明度较低的蓝紫渐变作为主色调，为了使背景与主体物的搭配更加和谐，可以巧妙运用单一颜色的配色方案。背景使用了与主体物相同的色相，但在明度上进行了一定的调整，使之与主体物拉开了层次。另外，渐变色的背景也能够更好地呈现出空间感。手机展示页面的主要用色如图1-73所示。

图 1-73

1.6.4 项目实战

（1）执行"文件>打开"命令，在弹出的"打开"对话框中选中本案例配套的素材1（1.ai），然后单击"打开"按钮，如图1-74所示。

图 1-74

（2）此时在软件中打开素材1，如图1-75所示。

图 1-75

（3）执行"文件>置入"命令，在弹出的"置入"对话框中选中手机素材2（2.png），然后单击"置入"按钮，如图1-76所示。

图 1-76

（4）返回到画面中，此时鼠标指针右下角会显示素材缩览图，单击鼠标左键，如图1-77所示。

图 1-77

（5）手机素材被置入文档中后，先按住Shift键拖曳控制点，将手机缩放到合适大小，接着单击控制栏中的"嵌入"按钮，将素材嵌入文档中，如图1-78所示。

图 1-78

（6）使用"选择工具"选中手机素材，按Ctrl+C组合键复制，然后按Ctrl+V组合键粘贴，最后将复制的手机移动到左侧。案例完成效果如图1-79所示。

图 1-79

1.7 课后习题

一、选择题

1. 在Illustrator中，存储文档使用的快捷键是什么？（　　）
   A．Ctrl + N　　　B．Ctrl + O
   C．Ctrl + S　　　D．Ctrl + W

2. 在Illustrator中，关闭现有文档使用的快捷键是什么？（　　）
   A．Ctrl + N　　　B．Ctrl + O
   C．Ctrl + S　　　D．Ctrl + W

二、填空题

1. 在Illustrator中，将文件导出为JPEG格式需要执行_____命令。

2. 在Illustrator中，通过_____菜单可以打开面板。

三、判断题

1. 在Illustrator中，导出为JPG格式的命令是"文件>存储为"。
   （　　　）

2. 在Illustrator中，使用"打包"命令可以将所有使用过的字体和图像复制到一个文件夹中。
   （　　　）

课后实战

● 简单的图像排版

任意选择3张主题一致的图片，运用本章所学知识进行简单的排版。版面形式不限，版面尺寸为A4，横版竖版皆可，图片素材可到网络上搜集。

第**2**章

初级绘图

本章要点

Illustrator 是一款强大的矢量绘图软件，其提供了多种绘图工具，如"矩形工具""椭圆工具""直线段工具""弧线工具"等。通过这些工具，用户可以非常轻松地绘制出常见的图形。本章将学习"符号工具"和图像描摹功能，使用"符号工具"可以快速创建出大量相同的对象，使用图像描摹功能可以将位图转换为矢量图。

⭐ 知识要点

❖ 熟练使用绘图工具绘制常见图形
❖ 掌握"符号工具"和符号库的使用方法
❖ 掌握将位图转换为矢量图的方法

2.1 绘制几何图形

使用形状工具组（见图2-1）可以绘制简单常见的几何图形，如矩形、圆形、多边形、星形等。

图 2-1

2.1.1 绘制矩形

"矩形工具"用于绘制长方形对象和正方形对象。

（1）选择工具箱中的"矩形工具"□，在画面中按住鼠标左键拖曳绘制矩形，如图2-2所示。

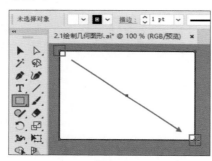

图 2-2

（2）如果按住Shift键拖曳鼠标，则可以绘制正方形，如图2-3所示。

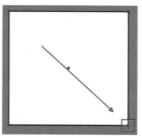

图 2-3

（3）选择工具箱中的"选择工具"▶，在矩形上单击即可将图形选中，如图2-4所示。

（4）此时在矩形角点位置可以看到控制点◉，将控制点向图形内部拖曳，可以将矩形的直角转换为圆角，拖曳的距离越大，圆角半径就越大，如图2-5所示。向图形外侧拖曳控制点，可以将圆角转换为直角。

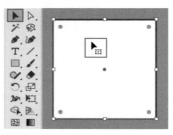

图 2-4

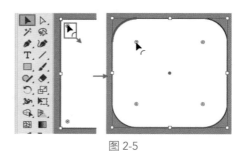

图 2-5

（5）单击选中控制点◉，然后将控制点向图形内部拖曳，可以更改单独一角的圆角半径，如图2-6所示。

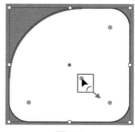

图 2-6

提示：

在Illustrator中，带有尖角的图形，都可以尝试拖曳控制点◉将其转换为平滑的转角，如图2-7所示。

图 2-7

（6）如果要绘制精准尺寸的矩形，则选择"矩形工具"，在画面中单击，在弹出的"矩形"对话框中对"宽度"和"高度"进行设置，完成后单击"确定"按钮，如图2-8所示。

图 2-8

（7）执行"窗口>变换"命令或者按Shift+F8组合键调出"变换"面板，在该面板中可以对矩形的各项属性进行更改，如图2-9所示。

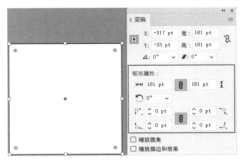

图 2-9

（8）更改矩形颜色。选中矩形后，单击控制栏中的"填充"按钮，在下拉面板中单击任意一个色块，即可为其填充色块的颜色，如图2-10所示。

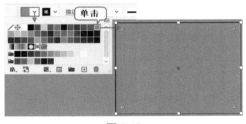

图 2-10

（9）单击 ╱ 按钮可将填充色去除，如图2-11所示。

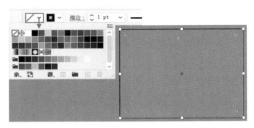

图 2-11

（10）更改描边的颜色。单击"描边"按钮，在下拉面板中单击色块可以更改描边颜色。在右侧的"描边"数值框内输入数值可以调整描边的粗细，如图2-12所示。

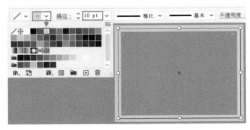

图 2-12

2.1.2 绘制圆角矩形

使用"圆角矩形工具" ▢ 可以绘制标

准的圆角矩形和圆角正方形。

（1）"圆角矩形工具"的使用方法与"矩形工具"的使用方法相同，即按住鼠标左键拖曳即可绘制，按住Shift键拖曳鼠标可以绘制正圆角矩形，如图2-13所示。

图 2-13

（2）圆角矩形绘制完成后，可以在控制栏的"圆角半径"数值框中更改圆角半径的精准数值。单击"边角类型"按钮，然后在下拉面板中单击更改转角的类型，默认为"圆角" ⌐ ，有"反向圆角" ⌐ 和"倒角" ⌐ 两种效果，如图2-14所示。

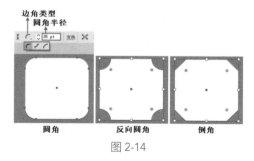

图 2-14

（3）选择工具箱中的"选择工具" ▶ ，在图形上单击可以选择图形。如果要选择多个图形，则可以按住Shift键依次单击要选择的图形进行加选，如图2-15所示。

图 2-15

（4）选中多个图形后，如果要取消某个图形的选中状态，则可以按住Shift键单击进行减选，如图2-16所示。

图 2-16

> **提示：**
> 　　如果要取消所有图形的选中状态，则在空白位置单击即可。

（5）使用"选择工具"在图形上单击将其选中，按住鼠标左键拖曳可以移动图形的位置，如图2-17所示。

图 2-17

（6）选中图形后会显示定界框，将鼠标指针移动到控制点位置后，向外拖曳鼠标可以放大图形（见图2-18），向内拖曳鼠标可以缩小图形。

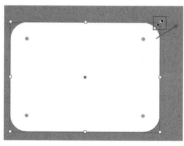

图 2-18

（7）按住Shift键拖曳鼠标可以等比缩放图形，如图2-19所示。

图 2-19

（8）将鼠标指针移动至角点位置的控制点外侧，待其变为↰形状后拖曳鼠标可以旋转图形，如图2-20所示。

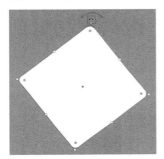

图 2-20

2.1.3 绘制椭圆形

使用"椭圆工具"◯可以绘制椭圆和正圆。

（1）选择工具箱中的"椭圆工具"，在画面中按住鼠标左键拖曳可以绘制一个椭圆，如图2-21所示。

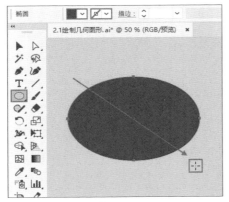

图 2-21

（2）按住Shift键拖曳鼠标可以绘制正圆，如图2-22所示。

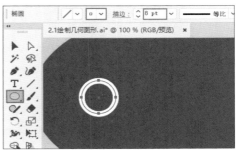

图 2-22

（3）选择绘制的圆形，将鼠标指针移动至圆形控制点⊶上，待其变为↖形状后拖曳鼠标可以调整饼图的角度，如图2-23所示。

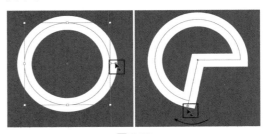

图 2-23

提示：

　　双击控制点⊶可以将饼图复原为圆形。

（4）复制正圆。选中正圆，执行"编辑>复制"命令或者按Ctrl+C组合键进行复制，接着执行"编辑>粘贴"命令或者按Ctrl+V组合键进行粘贴，如图2-24所示。

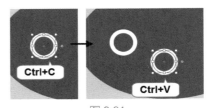

图 2-24

（5）选中图形，执行"编辑>剪切"命令或者按Ctrl+X组合键进行剪切，此时，图形会在画面中"消失"。接着按Ctrl+V组合键进行粘贴，图形即被重新粘贴到画面中，如图2-25所示。

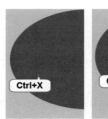

图 2-25

（6）在移动的同时复制图形。选中图形后按住Alt键，此时鼠标指针变为 ▶ 形状，按住鼠标左键拖曳，如图2-26所示。释放鼠标左键，即可完成移动并复制图形的操作。

按住Alt键拖曳

图 2-26

（7）在移动过程中按Shift+Alt组合键可以进行水平/垂直方向的移动并复制，如图2-27所示。

按住Alt键和Shift键拖曳

图 2-27

（8）进行移动并复制后，在选中复制的图形的状态下，执行"对象>变换>再次变换"命令或者按Ctrl+D组合键，将会得到一个相同且移动了相等距离的图形，如图2-28所示。

图 2-28

（9）多次按Ctrl+D组合键可以进行多次复制变换，如图2-29所示。

图 2-29

（10）如果要删除图形，则选中图形后按Delete键即可，如图2-30所示。

按Delete键删除

图 2-30

2.1.4 绘制多边形

使用"多边形工具" ◎ 可以绘制任意边数的多边形。

（1）选择工具箱中的"多边形工具"，按住鼠标左键拖曳可以绘制一个多边形，如图2-31所示。

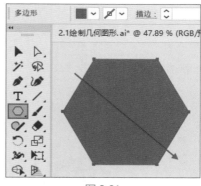

图 2-31

（2）使用"选择工具"选中多边形，找到定界框上的 ◇ 控制点，将鼠标指针移动到控制点上，待其变为 ⁺ 形状时，向上拖曳控制点可以减少多边形的边数，向下拖曳控制点可以增加多边形的边数，如图2-32所示。

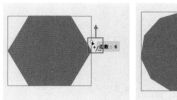
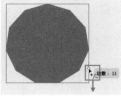

图 2-32

2.1.5 绘制星形

使用"星形工具" ☆ 可以绘制星形。

（1）选择工具箱中的"星形工具"，按住鼠标左键拖曳可以绘制一个星形，如图2-33所示。

图 2-33

> **提示：**
>
> 在绘制过程中，拖曳鼠标调整星形大小时，按"↑"或"↓"键可以向星形中添加或减去角点。

（2）选中星形，按Ctrl+C组合键进行复制，然后执行"编辑>贴在前面"命令或者按Ctrl+F组合键，即可将复制的图形粘贴到画面的前方，然后拖曳控制点对前面的图形进行缩放并更改其颜色，如图2-34所示。

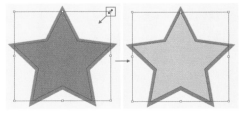

图 2-34

> **提示：**
>
> 复制对象后，执行"编辑>贴在后面"命令或者按Ctrl+B组合键可以将对象粘贴到所选对象后面；执行"编辑>就地粘贴"或者按Shift+Ctrl+V组合键可以将对象原位粘贴。

（3）如果要将星形的尖角更改为圆角，则选择工具箱中的"直接选择工具"，然后拖曳 ◉ 控制点即可，如图2-35所示。

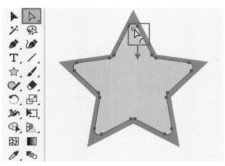

图 2-35

（4）使用"星形工具"在画面中单击，在弹出的"星形"对话框中可以看到两个"半径"选项。"半径 1"与"半径 2"之间的数值差越大，星形的角越尖；"角点数"用于定义星形的角点数。设置完成后单击"确定"按钮，如图2-36所示。星形效果如图2-37所示。

图 2-36   图 2-37

2.1.6 绘制光晕图形

使用"光晕工具" ◉ 可以在画面中添加一系列的矢量图形以模拟出光斑的效果。

（1）选择工具箱中的"光晕工具"，在画面中按住鼠标左键拖曳至合适的光晕大小，然后释放鼠标左键，如图2-38所示。

图 2-38

（2）将鼠标指针移动到下一个位置单击，完成光晕的绘制，如图2-39所示。

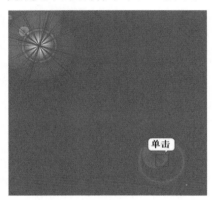

图 2-39

2.2 绘制简单线条

使用"线条工具组"（见图2-40）中的工具可以绘制多种不同形态的线条图形。

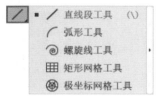

图 2-40

2.2.1 绘制直线段

使用"直线段工具" 可以绘制任意直线。

（1）选择工具箱中的"直线段工具"，在控制栏中设置描边的颜色和描边粗细，接着在画面中按住鼠标左键拖曳即可绘制一条直线，如图2-41所示。

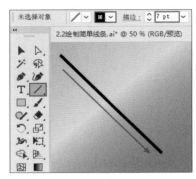

图 2-41

（2）按住Shift键拖曳鼠标可以绘制水平或垂直的直线，如图2-42所示。

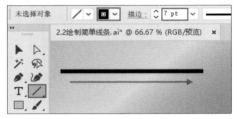

图 2-42

（3）选择工具箱中的"度量工具" ，沿着直线按住鼠标左键拖曳会弹出"信息"面板，该面板中会显示测量对象的坐标、宽度、角度等信息，如图2-43所示。

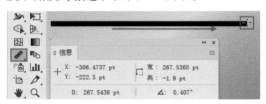

图 2-43

2.2.2 绘制弧形

使用"弧形工具" 可以绘制弧线路径。

（1）选择工具箱中的"弧形工具"，在控制栏中设置合适的描边，然后在画面中按住鼠标左键拖曳，释放鼠标左键即完成弧线的绘制，如图2-44所示。

提示：

在绘制弧线的过程中，可以按"↑"或"↓"方向键调整弧线的弧度。

Illustrator 2022 平面设计案例教程（全彩慕课版）

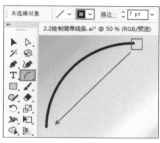

图 2-44

（2）选择"弧形工具"，在画面中单击，在弹出的"弧线段工具选项"对话框中可以设置数值，创建精确尺寸的弧线，如图2-45所示。

图 2-45

2.2.3 绘制螺旋线

使用"螺旋线工具" 可以绘制半径、段数、样式不同的螺旋线。

（1）选择工具箱中的"螺旋线工具"，在控制栏中设置合适的描边，然后在画面中按住鼠标左键拖曳，释放鼠标左键即完成螺旋线的绘制，如图2-46所示。

图 2-46

提示：

在绘制螺旋线的过程中，按"↑"或"↓"方向键可增加或减少涡形路径片段的数量。

（2）选择"螺旋线工具"，在画面中单击，在弹出的"螺旋线"对话框中可以设置数值，创建精确的螺旋线，如图2-47所示。

图 2-47

2.2.4 绘制矩形网格

使用"矩形网格工具" 可以绘制均匀或者不均匀的网格对象。

（1）选择工具箱中的"矩形网格工具"，按住鼠标左键拖曳即可绘制网格，如图2-48所示。

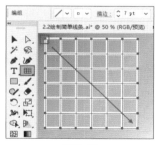

图 2-48

（2）选择"矩形网格工具"，在画面中单击，在弹出的"矩形网格工具选项"对话框中可以设置数值，创建精确的矩形网格对象，如图2-49所示。

图 2-49

（3）选中网格，单击鼠标右键，执行"取消编组"命令，可将网格拆分为各个部分，如图2-50所示。

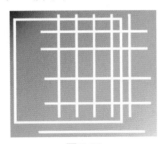

图 2-50

图 2-53

2.2.5 绘制极坐标网格

使用"极坐标网格工具" 可以绘制同心圆+放射线组合的网格图形。

（1）选择工具箱中的"极坐标网格工具"，按住鼠标左键拖曳，释放鼠标左键即完成极坐标网格图形的绘制，如图2-51所示。

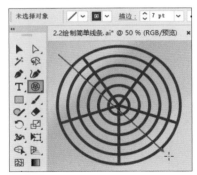

图 2-51

（2）选中极坐标网格图形，单击鼠标右键，执行"取消编组"命令，可将极坐标分为各个部分，如图2-52所示。

图 2-52

（3）选择"极坐标网格工具"，在画面中单击，在弹出的对话框中可以设置数值，创建精确的极坐标网格对象，如图2-53所示。

2.2.6 实操：简洁图文版式

文件路径：资源包\案例文件\第2章 初级绘图\实操：简洁图文版式

案例效果如图2-54所示。

图 2-54

1．项目诉求

本案例的画面以文字为主体，要求简洁明了，以便快速识别和阅读文字，凸显文字的主导地位。同时需运用装饰元素和色彩丰富画面，提升画面的视觉吸引力。

2．设计思路

由于画面以文字展示为主，因此选用纯色背景与平面图形作为装饰元素。背景中重复且连续排列的线条与倾斜排版的文字相互呼应，使整个画面更加统一。同时，矩形与正圆作为装饰图形，通过调整透明度和大小，形成层次、尺寸、纯度的对比，使画面更具变化和韵律感，视觉效果更丰富。文字部分需要根据内容的重要程度，通过字号大小的差异来区分主次关系。

3．配色方案

画面以亮灰色作为主色，其色彩纯度较低，奠定了画面简洁的基调。红色作为画面中的有彩色出现，提升了整个画面的视觉吸引力，给观者带来极强的视觉刺激；不同透明度的黑色作为点缀，使画面具有丰富的层次感，同时黑色视觉重量感最强，在背景的衬托下更具辨识度，有利于文字内容的传递。图文的主要用色如图2-55所示。

图 2-55

4. 项目实战

（1）执行"文件>新建"命令，在"新建文档"对话框中设置"单位"为像素、"宽度"为1280px、"高度"为800px，然后单击"创建"按钮完成新建操作，如图2-56所示。

图 2-56

（2）选择工具箱中的"矩形工具"，单击控制栏中的"填充"按钮，然后在下拉面板中单击灰色色块，设置"填充"为灰色。接着单击"描边"按钮，在下拉面板中单击☑按钮，设置描边为"无"，如图2-57所示。

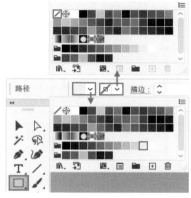

图 2-57

（3）设置完成后，在画面中拖曳鼠标，绘制一个与画板等大的矩形，如图2-58所示。选中背景矩形，按Ctrl+2组合键将其锁定。

图 2-58

（4）选择工具箱中的"直线段工具"，拖曳鼠标绘制一条直线，此时可以在控制栏中设置"填充"为无、"描边"为红色、描边粗细为0.3pt，如图2-59所示。

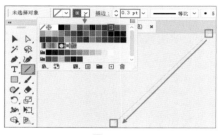

图 2-59

（5）选中直线，双击工具箱中的"选择工具"，在弹出的"移动"对话框中设置"水平"为10px、其他数值为0，然后单击"复制"按钮，如图2-60所示。

图 2-60

（6）将直线复制一条，如图2-61所示。

图 2-61

（7）选中复制得到的直线，按Ctrl+D组合键进行"再次变换"，此时得到第三条直线，如图2-62所示。

图 2-62

（8）多次按Ctrl+D组合键进行"再次变换"，效果如图2-63所示。

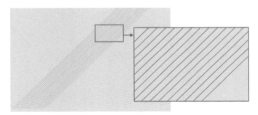

图 2-63

（9）直线复制完成后，选择"选择工具"，在直线上方拖曳鼠标，释放鼠标左键即可将框内的直线段选中，如图2-64所示。

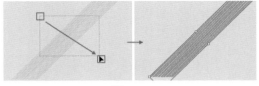

图 2-64

（10）选中线段后，按Ctrl+G组合键将其编组，按Ctrl+C组合键进行复制，然后按Ctrl+V组合键进行粘贴，接着移动到合适位置，如图2-65所示。

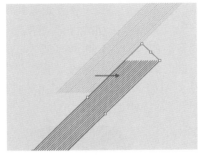

图 2-65

（11）再次选择工具箱中的"矩形工具"，在画面中拖曳鼠标绘制一个矩形，然后在控制栏中设置"填充"为红色、"描边"为无，如图2-66所示。

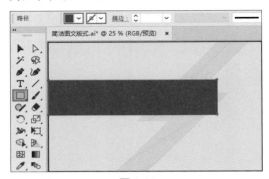

图 2-66

（12）选择工具箱中的"椭圆工具"，按住Shift键并拖曳鼠标绘制一个正圆，然后设置其填充为黑色、描边为"无"，如图2-67所示。

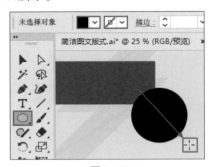

图 2-67

（13）选中黑色正圆，在控制栏中设置"不透明度"为60%，此时正圆呈现半透明效果，如图2-68所示。

（14）选中黑色正圆，按Ctrl+C组合键进行复制，然后按Ctrl+V组合键进行粘贴，接着将正圆向左下方移动并适当缩小，如

Illustrator 2022 平面设计案例教程（全彩慕课版）

图2-69所示。

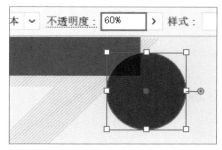

图 2-68

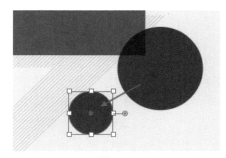

图 2-69

（15）继续添加其他正圆，效果如图2-70所示。

图 2-70

（16）将本案例配套的文字素材1（1.ai）打开，选中文字素材并按Ctrl+C组合键进行复制，然后回到操作文档中按Ctrl+V组合键进行粘贴，接着将文字移动到合适位置并调整大小。本案例完成效果如图2-71所示。

图 2-71

2.3 使用 Shaper 工具

使用"Shaper工具"可以将绘制出的图形转换为常见的形状。

（1）选择工具箱中的"Shaper工具" ✎，拖曳鼠标绘制一条线，释放鼠标左键后会自动转换成一条笔直的线段，如图2-72所示。

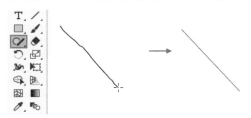

图 2-72

（2）尝试绘制一个圆形，释放鼠标左键后即可得到一个标准的圆形，如图2-73所示。

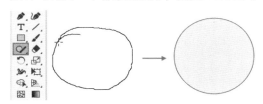

图 2-73

（3）尝试绘制三角形、矩形、多边形等图形，如图2-74所示。

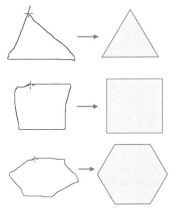

图 2-74

（4）进行一系列的尝试后，可以为绘制的图形分别填充颜色，组合成一张简单的几何海报，如图2-75所示。

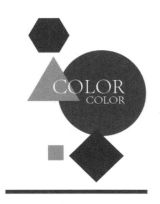

图 2-75

提示：

使用“Shaper工具”还可以进行图形的运算。选择该工具，在两个图形重叠的位置反复拖曳鼠标，如图2-76所示。释放鼠标左键后即可看到运算结果，如图2-77所示。

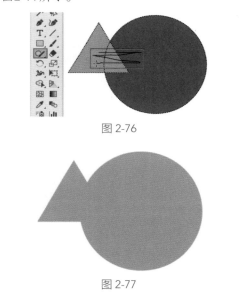

图 2-76

图 2-77

2.4 使用符号工具

使用“符号喷枪工具”可以方便、快捷地生成很多相同的图形，如一片星空、水中气泡等。配合工具组中的工具还可以对生成的图形进行一定的调整，如更改大小、颜色、位置、透明度、样式等。

（1）执行“窗口>符号”命令，打开“符号”面板，可以看到其中只显示少量的符号，如图2-78所示。

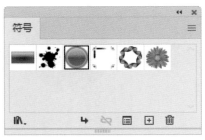

图 2-78

（2）软件中有很多符号可以在“符号库”中选择。单击“符号”面板底部的“符号库菜单”按钮，打开符号库菜单，这里选择“自然”，如图2-79所示。

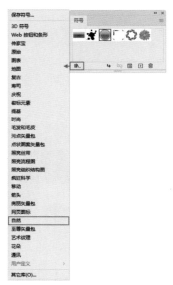

图 2-79

（3）打开“自然”面板，单击选择“雪花1”符号，如图2-80所示。

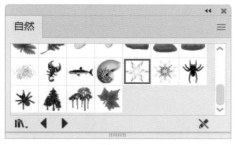

图 2-80

（4）选择工具箱中的"符号工具" ，将鼠标指针移动到画面中，拖曳鼠标即可看到同时添加了多个符号，如图2-81所示。

图 2-81

图 2-82

（5）选择工具箱中的"符号移位器工具" 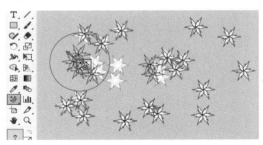，按住鼠标左键拖曳符号可以移动其位置，如图2-83所示。

图 2-83

（6）选择工具箱中的"符号缩放器工具" 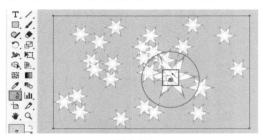，在符号上单击或者按住鼠标左键拖曳，可以将符号放大，如图2-84所示。

图 2-84

（7）选择工具箱中的"符号旋转器工具" ，在符号上按住鼠标左键拖曳可以旋转符号，如图2-85所示。

图 2-85

（8）选择工具箱中的"符号滤色器工具" 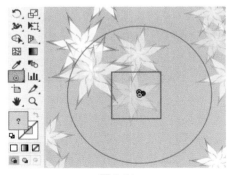，在符号上单击或按住鼠标左键拖曳可以更改符号的透明度，如图2-86所示。

图 2-86

（9）除了使用"符号喷枪工具"创建符号外，"符号"面板中的符号还可以单独使用。执行"窗口>符号库>移动"命令，打开"移动"面板，选择符号后将其向画面中拖曳，如图2-87所示。

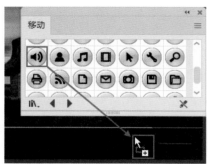

图 2-87

（10）释放鼠标左键后即可完成符号的添加操作。拖曳控制点可以调整符号的大小，如图2-88所示。

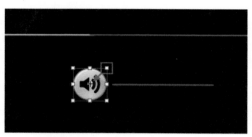

图 2-88

（11）在该面板中继续添加符号，可以制作出播放器中需要使用的其他按钮，如图2-89所示。

图 2-89

（12）符号属于特殊对象，要更改某个部分的颜色或提取部分图形，则需要选中符号，单击控制栏中的"断开链接"按钮，将符号对象变成图形对象，如图2-90所示。

（13）将图形取消编组后，可以进行编辑操作。图2-91所示为更改颜色的效果。

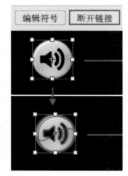

图 2-90

图 2-91

2.5 图像描摹

Illustrator中的图像描摹功能可以将位图图片转换为矢量图形，从而可以对图形进行无损缩放和编辑。具体来说，该功能可以将原始图片的像素点转换为矢量线条和曲线，从而创建出一个可编辑的矢量版本。

（1）选中置入的位图，单击控制栏中的"图像描摹"按钮，如图2-92所示。

图 2-92

（2）此时可以看到描摹结果，如图2-93所示。

图 2-93

（3）如果想要得到不同的描摹效果，则在选中位图后，单击"图像描摹"按钮右侧的下拉按钮﹀，在下拉列表中选择即可，如图2-94所示。

图 2-94

提示：

执行"窗口>图像描摹"命令，在"图像描摹"面板中可以进行更详细的设置，如图2-95所示。

图 2-95

（4）选中描摹结果，单击控制栏中的"扩展"按钮，如图2-96所示。

图 2-96

（5）此时将描摹对象转换为可编辑的矢量图形。扩展后图形处于编组状态，可以单击鼠标右键，执行"取消编组"命令进行解组，这样就可以选中单独的图形进行编辑操作，如图2-97所示。

图 2-97

（6）使用"魔棒工具"选中颜色相同的图形也可以进行颜色更改，如图2-98所示。

图 2-98

2.6 实操：使用图像描摹制作标志

文件路径：资源包\案例文件\第2章初级绘图\实操：使用图像描摹制作标志

案例效果如图2-99所示。

图 2-99

1. 项目诉求

本案例需要制作以日用品销售为主营业务的店铺标志。店铺销售产品涵盖了日化、家纺等方面，主打精致、健康、天然、高性价比的产品和舒适的购物环境。

2. 设计思路

为了体现产品健康、天然的特性，标志使用了鸟和树叶这些代表自然的元素。标志文字使用了手写体，更显自由、随性的品牌格调。

3. 配色方案

标志以白色圆形为背景，象征着干净、纯洁；橙红色作为点缀色使用，其色彩较为浓郁、鲜艳，给观者带来较强的视觉刺激。黑色的文字则给人以力量感，重色的文字也起到了"稳定"整个标志的作用。标志的配色方案如图2-100所示。

图 2-100

4. 项目实战

（1）执行"文件>新建"命令，在弹出的"新建文档"对话框中设置"单位"为"像素"、"宽度"为1920px、"高度"为1080px、"方向"为横向，然后单击"创建"按钮完成新建文件的操作，如图2-101所示。

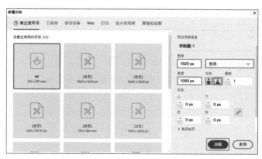

图 2-101

（2）选择工具箱中的"矩形工具"，在控制栏中单击"填充"按钮，在弹出的下拉面板中单击"黄色"，如图2-102所示。

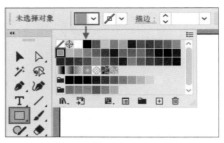

图 2-102

（3）在控制栏中单击"描边"按钮，在弹出的下拉面板中单击"无" ，如图2-103所示。

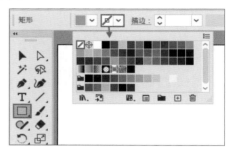

图 2-103

（4）在画板左上角按住鼠标左键向右下角拖曳，绘制一个与画板等大的矩形，如图2-104所示。

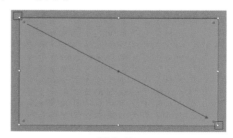

图 2-104

（5）选择工具箱中的"椭圆工具"，在控制栏中设置"填充"为白色、"描边"无，然后在画面中按住Shift键拖曳鼠标绘制一个正圆形，如图2-105所示。

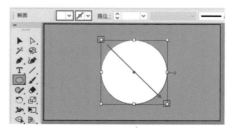

图 2-105

（6）执行"文件>打开"命令，在弹出的"打开"对话框中选中本案例配套的素材1（1.ai），接着使用"选择工具"选中文字，按Ctrl+C组合键进行复制，如图2-106所示。

图 2-106

（7）返回操作文档，按Ctrl+V组合键将其粘贴到画面中，并移动至合适位置，如图2-107所示。

图 2-107

（8）执行"文件>置入"命令，在弹出的"置入"对话框中选中素材2（2.png），置入素材2，拖曳素材2四周的控制点，将其旋转至合适的角度，然后单击控制栏中的"嵌入"按钮进行嵌入，如图2-108所示。

图 2-108

（9）选中素材2，单击控制栏中的"图

像描摹"右侧的下拉按钮，在下拉列表中选择"剪影"选项，如图2-109所示。

图 2-109

（10）此时素材2的效果如图2-110所示。

图 2-110

（11）选中素材2，在控制栏中单击"扩展"按钮，将其转换为矢量小鸟图形，如图2-111所示。

图 2-111

（12）使用工具箱中的"选择工具"，选中小鸟图形，在控制栏中单击"填充"按钮，在下拉面板中单击选择橙色，如图2-112所示。

（13）设置完成后将小鸟图形移动至文字左上角，如图2-113所示。

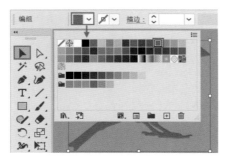

图 2-112

图 2-113

（14）使用同样的方法置入并处理素材3（3.png），然后将其移动至文字右下角，效果如图2-114所示。

图 2-114

（15）本案例完成效果如图2-115所示。

图 2-115

2.7 扩展练习：运用简单的几何图形组成海报

文件路径：资源包\案例文件\第2章初级绘图\扩展练习：运用简单的几何图形组成海报

案例效果如图2-116所示。

图 2-116

2.7.1 项目诉求

本案例需要制作一幅艺术节活动宣传海报。海报画面要求主题突出、简洁明了，使观者过目不忘。

2.7.2 设计思路

海报以三角形为主要视觉元素，三角形重复叠放增强了画面的形式感与层次感，使画面具有强烈的吸引力，从而引导观者将视线集中在海报的主题文字处。同时倒三角相比于正三角更具不稳定性，增强了画面的活跃感与动感。

2.7.3 配色方案

本案例以低明度的灰紫为主色，给人以内敛、神秘的视觉感受，体现出艺术节的严谨性与专业性。水晶紫、灰蓝色、青绿色、西瓜红等较高纯度的色彩形成丰富的色彩搭配效果，活跃了画面整体的气氛。白色文字位于画面顶层，与其他色彩形成鲜明的明暗对比，极为醒目、突出，使观者一眼便知海报要宣传的内容。海报的配色方案如图2-117所示。

图 2-117

2.7.4 项目实战

（1）执行"文件>新建"命令，在弹出的"新建文档"对话框中单击"打印"按钮，然后单击选择A4尺寸，设置方向为"纵向"，最后单击"创建"按钮，如图2-118所示。

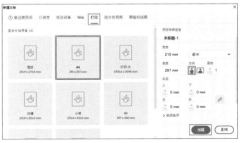

图 2-118

（2）选择工具箱中的"矩形工具"，双击工具箱下方的"填色"按钮，在弹出的"拾色器"对话框中拖曳中间的滑块选择色相，并在左侧的色域中选择灰紫色，如图2-119所示。

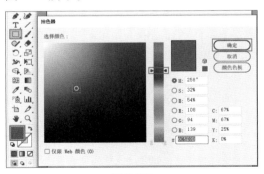

图 2-119

（3）在控制栏中单击"描边"按钮，在弹出的下拉面板中单击"无"，如图2-120所示。

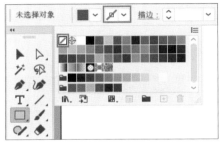

图 2-120

（4）设置完成后，在画板的左上角按住鼠标左键向右下角拖曳，绘制一个与画板等大的矩形，如图2-121所示。

图 2-121

（5）选择工具箱中的"Shaper工具"，在画面中拖曳鼠标绘制一个三角形，如图2-122所示。

图 2-122

（6）绘制完成后释放鼠标左键，此时画面效果如图2-123所示。

图 2-123

（7）选中三角形，双击工具箱底部的"描边"按钮，在弹出的"拾色器"对话框中拖曳中间的滑块选择色相，并在左侧的色域中选择紫色。接着在控制栏中设置"填充"为无，描边粗细为50pt，如图2-124所示。

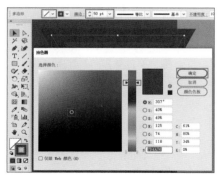

图2-124

（8）此时三角形效果如图2-125所示。

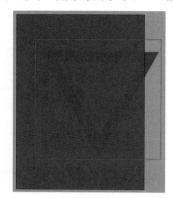

图2-125

（9）使用同样的方法制作另外3个三角形，效果如图2-126所示。

图2-126

（10）执行"文件>打开"命令，在弹出的"打开"对话框中选中素材1（1.ai），单击"打开"按钮将其打开，如图2-127所示。

图2-127

（11）使用工具箱中的"选择工具"，选中素材1中的文字，按Ctrl+C组合键进行复制，如图2-128所示。

图2-128

（12）返回操作文档，按Ctrl+V组合键将文字粘贴到画面中，并移动至合适位置，如图2-129所示。

图2-129

（13）选择工具箱中的"矩形工具"，在控制栏中设置"填充"为白色、"描边"为无。设置完成后，在画面底部文字的左侧拖曳鼠标绘制一个细长矩形，如图2-130所示。

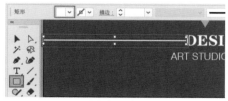

图2-130

Illustrator 2022 平面设计案例教程（全彩慕课版）

（14）使用工具箱中的"选择工具"，选中矩形，按Ctrl+C组合键进行复制。按Ctrl+V组合键将其粘贴，并移动至文字右侧，如图2-131所示。

图 2-131

（15）本案例完成效果如图2-132所示。

图 2-132

2.8 课后习题

一、选择题

1. 绘制圆角矩形时，可以在哪个面板中设置圆角半径?（　　）
   A．"图层"面板
   B．"色板"面板
   C．"属性"面板
   D．"透明度"面板

2. 使用"椭圆工具"绘制正圆形时，需要按住哪个按键?（　　）
   A．Shift　　　　B．Alt
   C．Ctrl　　　　D．Tab

二、填空题

1. 绘制星形需要在工具箱中选择_____。

2. 对图像描摹后，需要通过_____操作，才能够编辑描摹后形成的各个矢量图形。

三、判断题

1. 使用"符号喷枪工具"可以制作可重复使用的图形元素。　　（　　）

2. 使用"矩形工具"无法绘制出圆角矩形。　　（　　）

课后实战

● 绘制简单的风景画

运用本章所学绘图工具绘制一张简单的风景画，如海边、树林、田园等，画面内容可自由发挥。

第3章
颜色设置

图形具有两个属性："填充"和"描边"。除了可以使用纯色进行填充和描边之外，还可以通过渐变和图案来表现图形的外观。本章将介绍如何使用"拾色器"来设置纯色，利用"渐变"面板编辑渐变色，以及通过图案库进行图案填充。此外，本章还会介绍如何使用"网格工具"和"实时上色工具"为图形着色，以及如何设置图形的不透明度和混合模式。

本章要点

⭐ 知识要点

❖ 熟练掌握在控制栏中设置填充与描边的方法

❖ 熟练掌握"拾色器"的使用方法

❖ 熟练使用渐变色

❖ 掌握色板库和"颜色参考"面板

❖ 掌握设置不透明度和混合模式的方法

3.1 填充与描边

"填充"是指矢量图形内部的颜色、图案或渐变等元素。"描边"是指沿着图形边缘的轮廓，轮廓线条可以是纯色、渐变色或者特定的图案，并且可以具有不同的粗细和样式。图形的填充和描边示例如图3-1所示。

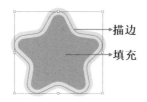

图 3-1

填充和描边都可以通过"纯色""渐变色""图案"来表现，如图3-2和图3-3所示。

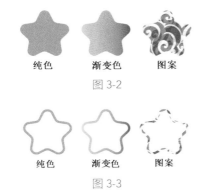

纯色　　　渐变色　　　图案

图 3-2

纯色　　　渐变色　　　图案

图 3-3

3.1.1 设置填充与描边

在控制栏中，除了可以设置图形的"填充"、"描边"的颜色和粗细外，还可以更改其端点样式、描边位置等属性。

（1）使用"选择工具"选中图形，单击控制栏中的"填充"按钮，然后在下拉面板中单击选择填充颜色，接着设置描边的颜色和粗细，如图3-4所示。

（2）除了可以更改描边颜色和粗细外，还可以制作虚线效果。选中图形，单击控制栏中的 描边: 按钮，在下拉面板中勾选"虚线"复选框，"虚线"选项用于定义实线段的长度，"间隙"选项用于定义两段实线之间的距离，如图3-5所示。

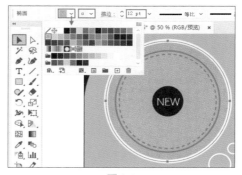

图 3-4

图 3-5

（3）"端点"选项 端点: 用于设置开放路径两端端点的样式，如图3-6所示。

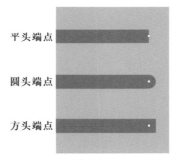

平头端点

圆头端点

方头端点

图 3-6

（4）"边角"选项 边角: 用于设置路径转折位置的样式，如图3-7所示。

斜接　　　　圆角　　　　斜角

图 3-7

（5）"对齐描边"选项 对齐描边: 用于设置描边在路径上的位置，如图3-8所示。

居中对齐　　　　内侧对齐　　　　外侧对齐

图 3-8

（6）为开放路径添加箭头。绘制一段开放路径，单击控制栏中的"描边"按钮，然后在下拉面板中单击"箭头"下拉按钮，然后可以选择合适的箭头样式，效果如图3-9所示。

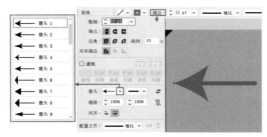

图 3-9

提示：

执行"窗口>描边"命令或者按Ctrl+F10组合键，可以打开"描边"面板，如图3-10所示。单击"面板菜单"按钮 ≡，执行"显示选项"命令，可以设置描边。

图 3-10

（7）"变量宽度配置文件"选项用于更改路径的宽度比例。默认情况下，描边粗细是均匀、等比的。选中路径，单击控制栏中的"变量宽度配置文件"下拉按钮，在下拉

列表中可以选择预设的变量宽度，如图3-11所示。

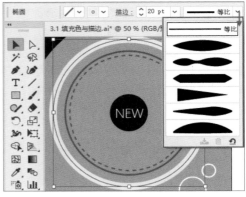

图 3-11

（8）不同变量宽度的对比效果如图3-12所示。

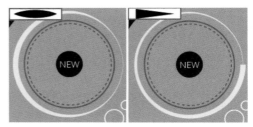

图 3-12

（9）控制栏中的"填充"和"描边"下拉面板中的颜色有限，用户在"拾色器"窗口中可以选择更多颜色。工具箱底部有一组用于设置填充或描边颜色的控件。选中正圆，双击工具箱底部的"填色"按钮，在打开的"拾色器"对话框中可以设置颜色。首先上下拖曳滑块 选择合适的色相，然后在对话框左侧色域中选择合适的颜色，最后单击"确定"按钮，如图3-13所示。

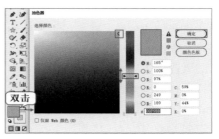

图 3-13

（10）此时图形效果如图3-14所示。

图 3-14

（11）通过"拾色器"对话框设置描边颜色。选中图形后双击"描边"按钮，在弹出的"拾色器"对话框中选择颜色，然后单击"确定"按钮，如图3-15所示。

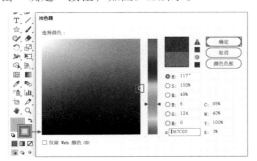

图 3-15

（12）此时图形效果如图3-16所示。

图 3-16

（13）单击"互换填色和描边"按钮，可以互换填色和描边的颜色，如图3-17所示。

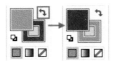

图 3-17

（14）单击"默认填色和描边"按钮，可以恢复默认的颜色设置，如图3-18所示。

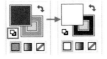

图 3-18

3.1.2 使用"吸管工具"设置颜色

"吸管工具"是一种用于选取颜色的工具，它可以帮助用户准确选取某个区域的颜色值，以便后续使用。另外，该工具还可拾取图形或文字的属性。

（1）选中一个图形A，接着选择工具箱中的"吸管工具" ，在另一图形B处单击，此时选中的图形A将产生与图形B相同的颜色，如图3-19所示。

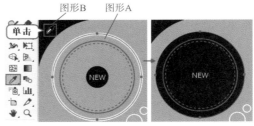

图 3-19

（2）"吸管工具"除了可以复制填充颜色外，还可以复制图形的属性。选中一个图形，在虚线正圆中单击，即可看到选中图形也变为相同的虚线描边，如图3-20所示。

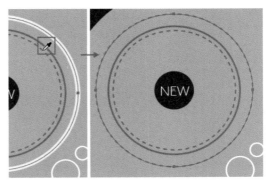

图 3-20

提示：

使用"吸管工具"除了能够复制图形的属性外，还可以复制文字的属性，如图3-21所示。

图 3-21

3.1.3 使用"颜色"面板

在"颜色"面板中可以更改填充和描边的颜色。

（1）执行"窗口>颜色"命令，打开"颜色"面板。选中一个图形，在该面板中单击"填色"按钮使其位于前方，可以拖曳滑块调整填充颜色，也可以直接在数值框内输入数值更改颜色，如图3-22所示。

图 3-22

（2）在下方色域中直接单击也可选择颜色，如图3-23所示。

图 3-23

（3）单击"颜色"面板中的菜单按钮可以更改颜色模式，如图3-24所示。

图 3-24

（4）单击"描边"按钮 ▣ 使其置于前

方，然后通过设置可以更改描边的颜色，如图3-25所示。

图 3-25

（5）单击 ☑ 按钮可以去除填充或描边，如图3-26所示。

图 3-26

3.2 使用软件内置的色彩与图案

使用色板库可以方便地为图形设置软件预置好的色彩与图案；使用"颜色参考"面板可以根据选择的颜色进行配色。

3.2.1 使用色板库

Illustrator中提供了多种预设的纯色、渐变色和图案，并存放在不同的"库"中。使用色板库可以快速为图形设置颜色。

（1）单击控制栏中的"填充"按钮，然后在下拉面板中单击"色板库"菜单按钮 ▥，执行相应的命令即可打开对应的色板库，如图3-27所示。

（2）例如，执行"儿童物品"命令可打开"儿童物品"面板。选中一个图形，单击色块即可为图形填充该颜色，如图3-28所示。

Illustrator 2022 平面设计案例教程（全彩慕课版）

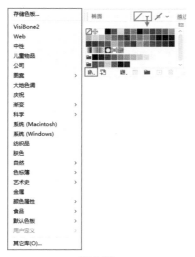

图 3-27

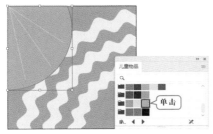

图 3-28

提示：

　　执行"窗口>色板库"命令也可以打开色板库。

（3）根据面板中的配色也可进行颜色填充，如图3-29所示。

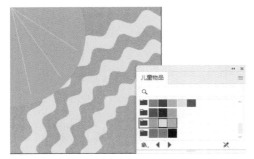

图 3-29

（4）单击面板底部的"加载上一色板库"按钮 ◀ 或"加载下一色板库"按钮 ▶ 可以进行面板的切换，如图3-30所示。

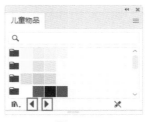

图 3-30

（5）除纯色外，色板库中还有渐变色和图案可以填充，如图3-31和图3-32所示。

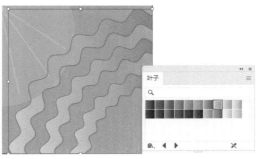

图 3-31

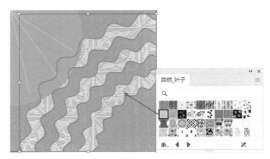

图 3-32

提示：

　　如果想通过预设的颜色进行描边，则需要单击工具箱底部的"描边"按钮，然后在色板库中单击选择描边颜色，如图3-33所示。

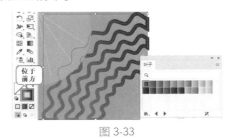

图 3-33

3.2.2 使用"颜色参考"面板

作品的色彩搭配直接影响着作品的效果。在Illustrator中，用户通过"颜色参考"面板可以根据所选色彩生成不同的配色方案。

（1）选中一个图形，如图3-34所示。执行"窗口>颜色参考"命令，打开"颜色参考"面板。

图 3-34

（2）单击面板左上角的"将基色设置为当前颜色"按钮，可以根据所选图形的颜色进行配色。单击"协调规则"下拉按钮，在下拉列表中选择配色原则，这里选择"单色2"，如图3-35所示。

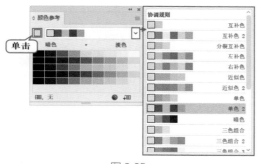

图 3-35

（3）此时面板下方会显示配色方案，选中图形后单击色块即可进行颜色填充，如图3-36所示。

图 3-36

3.2.3 实操：使用色板制作单色按钮

文件路径：资源包\案例文件\第3章颜色设置\实操：使用色板制作单色按钮

案例效果如图3-37所示。

图 3-37

1. 项目诉求

本案例需要设计购物软件界面中的一组按钮。按钮要求具有引导性、识别性与可操作性等特性，并呈现出简明有效、易于识别的特点，同时具备引导点击的功能。

2. 设计思路

相较于矩形，圆角矩形的轮廓更加圆润流畅，有助于提高界面的亲和力。为了突出其简单易操作的特点，按钮采用了扁平化的表现手法。然而，单一的图形显得单调，因此在图形底部添加了一个深色图形，形成类似投影的效果，提升了其立体感，强调其引导操作的功能。

3. 配色方案

本案例使用色相相同但明暗不同的两种颜色作为按钮的底色，形成和谐、自然的同类色搭配。在此基础上使用了白色的文字，白色的文字清晰明亮，给人以清爽、简单、干净的视觉感受。各个按钮的主要用色如图3-38所示。

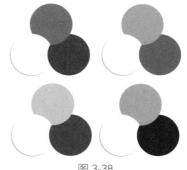

图 3-38

Illustrator 2022 平面设计案例教程（全彩慕课版）

4. 项目实战

（1）执行"文件>新建"命令，创建一个宽度为840像素、高度为600像素的文档。选择工具箱中的"矩形工具"，双击工具箱底部的"填色"按钮，在弹出的"拾色器"窗口中拖曳中间的滑块选择色相，并在左侧的色域中选择天蓝色，如图3-39所示。

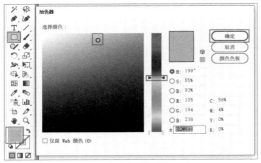

图 3-39

（2）在控制栏中单击"描边"按钮，然后在弹出的下拉面板中单击"无"，如图3-40所示。

图 3-40

（3）在画板左上角按住鼠标左键向右下角拖曳，绘制一个与画板等大的矩形，如图3-41所示。

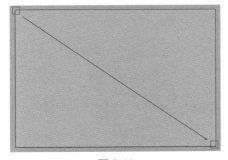

图 3-41

（4）选择工具箱中的"圆角矩形工具"，在画面的合适位置拖曳鼠标绘制一个圆角矩形，接着在控制栏中设置"圆角半径"为12px，如图3-42所示。

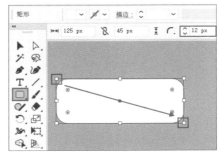

图 3-42

（5）使用"选择工具"选中圆角矩形，在属性面板中单击"更多选项"按钮，然后单击"链接圆角半径值"按钮取消链接圆角半径，接着设置左上角"圆角半径"为5px，如图3-43所示。

图 3-43

（6）此时圆角矩形效果如图3-44所示。

图 3-44

（7）选中圆角矩形，执行"窗口>色板

库>VisiBone2"命令，在打开的面板中选择红色，如图3-45所示。

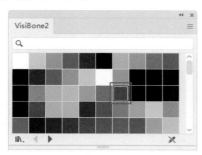

图 3-45

（8）此时圆角矩形效果如图3-46所示。

图 3-46

（9）使用"选择工具"选中圆角矩形，在按住Alt键的同时向右上方拖曳鼠标至合适位置，释放鼠标左键完成移动并复制，如图3-47所示。

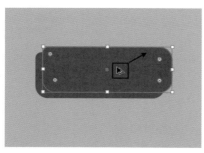

图 3-47

（10）选中复制的圆角矩形，在"VisiBone2"面板中选择橘红色，如图3-48所示。

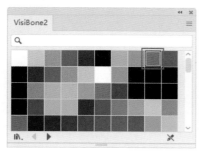

图 3-48

（11）此时圆角矩形效果如图3-49所示。

图 3-49

（12）使用"选择工具"选中两个圆角矩形，在按住Shift+Alt组合键的同时向右拖曳鼠标，释放鼠标左键完成移动并复制，如图3-50所示。

图 3-50

（13）使用"选择工具"依次选中圆角矩形，在"VisiBone2"面板中选择合适的颜色，效果如图3-51所示。

图 3-51

（14）使用同样的方法制作其他圆角矩形并摆放到画面合适的位置，此时画面效果如图3-52所示。

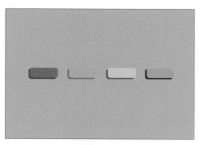

图 3-52

Illustrator 2022 平面设计案例教程（全彩慕课版）

（15）执行"文件>打开"命令，打开本案例配套的素材1（1.ai）。使用工具箱中的"选择工具"选中文字，按Ctrl+C组合键进行复制，如图3-53所示。

图 3-53

（16）返回正在操作的文档，按Ctrl+V组合键将文字粘贴到画面中，并移动至合适位置。本案例完成效果如图3-54所示。

图 3-54

3.3 渐变色

渐变色是指两种或两种以上颜色相互过渡的效果。使用"渐变工具"可以进行渐变色的编辑与填充操作。用户可以选择不同类型的渐变色，如线性、径向和任意形状，并设置渐变色的起点、终点的颜色和透明度等属性。

（1）选中灰色图形，如图3-55所示。

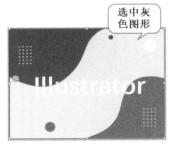

选中灰色图形

图 3-55

（2）单击工具箱底部的"填色"按钮，然后单击"渐变填充"按钮 ▤，此时图形被填充为默认的渐变色，如图3-56所示。

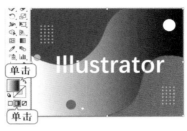

单击
单击

图 3-56

（3）双击工具箱中的"渐变工具"或者执行"窗口>渐变"命令，打开"渐变"面板。"类型"选项用于选择渐变色的样式，有"线性" ▤、"径向" ▣ 和"任意形状" ▣ 3种类型。当设置渐变色类型为"线性"时，渐变色将按照从一端到另一端的方式变化。接下来以"线性"渐变色为例讲解如何编辑渐变色，如图3-57所示。

图 3-57

（4）双击颜色滑块 ◎，在下拉面板中单击"面板菜单"按钮，设置颜色模式为RGB，然后分别拖曳"R""G""B"颜色滑块或输入数值进行颜色设置，如图3-58所示。

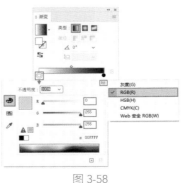

图 3-58

（5）双击另外一个颜色滑块，进行相同的操作，如图3-59所示。

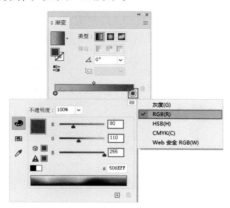

图 3-59

（6）通过"拾色器"对话框也可进行颜色设置。单击颜色滑块，双击工具箱底部的"填色"按钮，在打开的"拾色器"对话框中进行颜色设置，如图3-60所示。

图 3-60

（7）此时图形效果如图3-61所示。

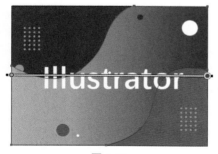

图 3-61

（8）将鼠标指针移动到渐变色下方，待其变为 形状后单击即可添加一个新的颜色滑块，接着可以更改其颜色，如图3-62所示。更改颜色后的效果如图3-63所示。

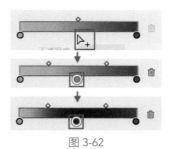

图 3-62

图 3-63

（9）拖曳渐变色条上方的 滑块，可以调整两种颜色的过渡效果，如图3-64所示。调整颜色后的效果如图3-65所示。

图 3-64

图 3-65

（10）选中颜色滑块，单击"删除色标"按钮 可将该颜色滑块删除，按Delete键也可将其删除，如图3-66所示。

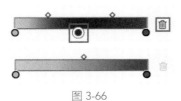

图 3-66

（11）编辑半透明渐变色。单击颜色滑块，然后在"不透明度"数值框内输入数值，可更改颜色滑块的透明度，如图3-67所示。更改透明度后的效果如图3-68所示。

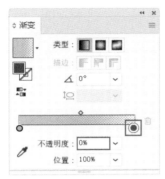

图 3-67

图 3-68

（12）单击颜色滑块，然后单击"渐变"面板中的 ✐ 按钮，将鼠标指针移动到画面中单击拾取颜色，如图3-69所示。选中的颜色滑块会变为拾取的颜色，效果如图3-70所示。

图 3-69

图 3-70

（13）选择工具箱中的"渐变工具"，在画面中拖曳鼠标可以更改渐变色的角度，如图3-71所示。

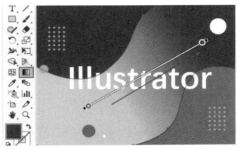

图 3-71

（14）单击"径向"按钮 ▣ 时，渐变色将按照从中心到边缘的方式变化，如图3-72所示。

图 3-72

（15）选择工具箱中的"渐变工具"，在画面中拖曳鼠标可以更改径向渐变的效果，如图3-73所示。

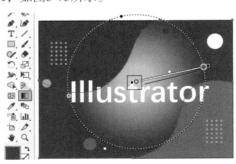

图 3-73

（16）拖曳径向渐变的控制点●可以调整渐变色的径向长宽比，如图3-74所示。这与"渐变"面板中的"长宽比"选项▣的效果相同。

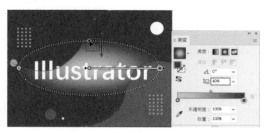

图 3-74

（17）单击"任意形状渐变"按钮▣，可以在任意位置添加控制点并更改控制点的颜色。首先设置"绘制"为"点"，可以看到选中的图形带有几个控制点，如图3-75所示。

图 3-75

（18）双击控制点，在下拉面板中可以更改颜色，如图3-76所示。

图 3-76

（19）拖曳控制点可以移动控制点的位置，从而更改渐变色效果，如图3-77所示。

（20）单击控制点，拖曳虚线上的控制点•可以调整颜色向外扩展的范围，如图3-78所示。这与"渐变"面板中的"扩展"选项的效果相同。

图 3-77

图 3-78

（21）将鼠标指针移动到画面中单击可添加控制点，如图3-79所示。

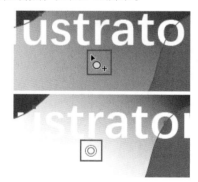

图 3-79

（22）要删除控制点，可以先单击控制点将其选中，然后单击"渐变"面板中的"删除色标"按钮▣，如图3-80所示。

图 3-80

Illustrator 2022 平面设计案例教程（全彩慕课版）

（23）设置"绘制"为"线"时，可以在图形上以单击的方式添加控制点并串连成线，如图3-81所示。

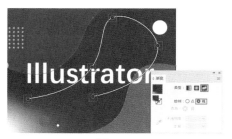

图 3-81

（24）双击控制点更改色标颜色，效果如图3-82所示。

图 3-82

（25）描边也可以添加渐变色。选中图形后，单击"渐变"面板中的"描边"按钮，使其位于前方，然后编辑渐变色即可，如图3-83所示。

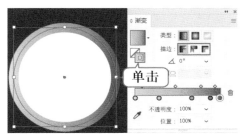

图 3-83

（26）"渐变"面板中的"描边"选项用于设置渐变色描边的样式。图3-84所示为3种描边样式的对比效果。

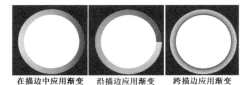

图 3-84

3.4 网格工具

"网格工具"是一种用于创建不规则填充效果的工具。使用"网格工具"可以创建网格点，使颜色从一个点平滑过渡到另外一个点。移动和编辑网格点可以改变颜色变化的强度或着色区域的范围。

（1）选择工具箱中的"网格工具" ，将鼠标指针移动到图形上单击，即可添加一个网格点，如图3-85所示。

图 3-85

（2）选中网格点，在"颜色"面板中可以更改网格点的颜色，如图3-86所示。

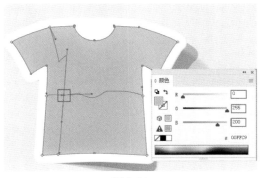

图 3-86

（3）拖曳网格点可以移动网格点的位置，从而改变其颜色，如图3-87所示。

图 3-87

（4）使用"直接选择工具"，选中网格点或拖曳控制柄可以进行网格点的编辑操作，如图3-88所示。

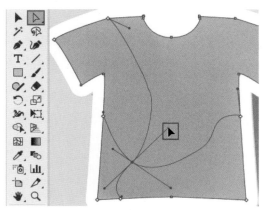

图 3-88

（5）要删除网格点，可以先将鼠标指针移动至网格点上，然后按住Alt键，当鼠标指针变为⊢形状后单击，如图3-89所示。

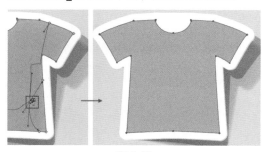

图 3-89

3.5 实时上色

使用"实时上色工具"可以填充多个图形的交叉区域，使之形成独立的图形，还可以为图形边缘单独上色。

（1）本节素材1.ai中包含多个同心圆以及一个矩形，接下来使用"实时上色工具"在这些图形的交叉区域中创建新的图形。选中所有图形，如图3-90所示。

（2）选择工具箱中的"实时上色工具" ，在控制栏中设置合适的"填充"颜色，然后将鼠标指针移动至某个图形交叉区域中单击，如图3-91所示。

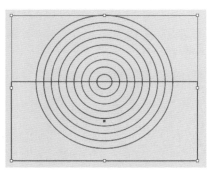

图 3-90

图 3-91

（3）此时该图形交叉区域被填充为所选颜色，如图3-92所示。

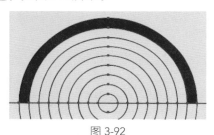

图 3-92

（4）使用"实时上色工具"填充当前图形组中的某个区域后，当前图形组将成为"实时上色组"。使用"选择工具"单击图形组内任意一处后，组中的图形将被全部选中，并且定界框上的控制点也和正常的定界框上的控制点不同，如图3-93所示。

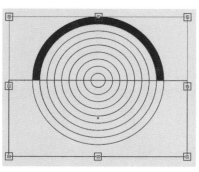

图 3-93

（5）通过"拾色器"也可设置颜色，然后在图形组上单击各区域进行填充，如图3-94所示。

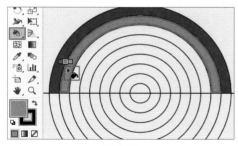

图 3-94

（6）继续设置相应的颜色，然后单击进行填充，如图3-95所示。

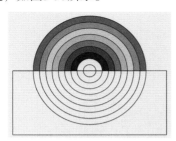

图 3-95

（7）选择"实时上色选择工具" ，在"实时上色"组的图形中单击即可将其选中，然后可以更改其颜色，如图3-96所示。

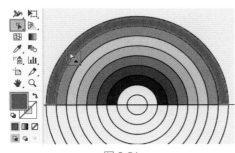

图 3-96

（8）单独提取填充的部分。选中实时上色组，执行"对象>扩展"命令，在弹出的"扩展"对话框中勾选"扩展"选项区中的"对象"复选框，然后单击"确定"按钮，如图3-97所示。

（9）选中图形组，按Shift+Ctrl+G组合键，将图形组取消编组，随后就可以将填充部分的图形单独提取出来，如图3-98所示。

图 3-97

图 3-98

（10）要更改描边的颜色和粗细，可以先设置颜色、粗细选项，然后将鼠标指针移动到图形的边缘位置，待其变为 形状后单击，如图3-99所示。

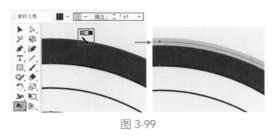

图 3-99

> 提示：
>
> 双击工具箱中的"实时上色工具"，可以在打开的"实时上色工具选项"对话框中设置工具选项，如图3-100所示。
>
>
>
> 图 3-100

实操：使用实时上色制作 App 图标

文件路径：资源包\案例文件\第3章颜色设置\实操：使用实时上色制作App图标

案例效果如图3-101所示。

图 3-101

1. 项目诉求

这是一个手机客户端的相机App图标设计项目。图标要求简单易懂，能够让用户一眼识别出其功能。

2. 设计思路

为了使图标简洁明了，我们选择相机中的部件作为主要视觉元素，以典型的光圈图形来表达App的核心功能。通过对元素的简化和抽象，使图标更具现代感。

3. 配色方案

本案例以白色作为底色，主体图形由多种色彩构成，橙色、黄色、绿色、粉色、紫色与蓝色等色彩按照色环上的顺序排列，给人以鲜明且有序的视觉感受。多彩的图形也暗示着用户可以拍摄出精彩的画面。图标的主要用色如图3-102所示。

图 3-102

4. 项目实战

（1）执行"文件>新建"命令，在弹出的"新建文档"对话框中设置"宽度"为2048px、"高度"为1190px、"方向"为横向，然后单击"创建"按钮完成新建操作，如图3-103所示。

图 3-103

（2）选择工具箱中的"矩形工具"，双击工具箱下方的"填色"按钮，在弹出的"拾色器"窗口中拖曳中间的滑块选择色相，并在左侧的色域中选择棕色，如图3-104所示。

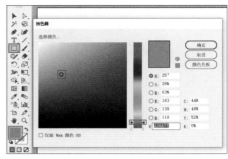

图 3-104

（3）选中矩形，在控制栏中单击"描边"按钮，然后在弹出的下拉面板中单击"无"，如图3-105所示。

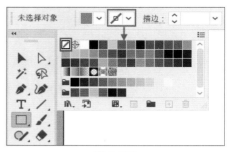

图 3-105

（4）设置完成后，在画板的左上角按住鼠标左键向右下角拖曳，绘制一个与画板等大的矩形，如图3-106所示。

（5）选择工具箱中的"圆角矩形工具"，在画面中单击，然后在弹出的"圆角矩形"对话框中设置"宽度"为512px、"高度"为512px、"圆角半径"为160px，设置完成后单击“确定”按钮，如图3-107所示。

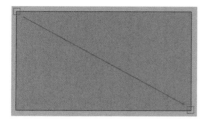

图 3-106

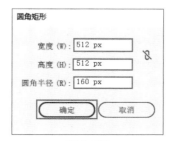

图 3-107

（6）此时在画面中创建了一个圆角矩形，在控制栏中设置“填充”为白色、“描边”为无，如图3-108所示。

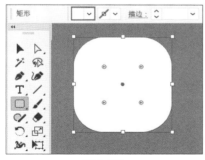

图 3-108

（7）选择工具箱中的“椭圆工具”，在控制栏中设置“填充”为无、“描边”为黑色，在画面中按住Shift键的同时拖曳鼠标绘制一个正圆形，如图3-109所示。

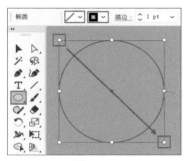

图 3-109

（8）选择工具箱中的“矩形工具”，在控制栏中设置“填充”为无、“描边”为黑色，在画面中正圆的上方拖曳鼠标绘制一个矩形，如图3-110所示。

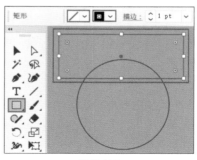

图 3-110

（9）使用工具箱中的“选择工具”选中矩形，在按住Shift+Alt组合键的同时向下拖曳鼠标至正圆下方，释放鼠标左键完成复制，如图3-111所示。

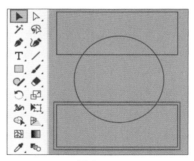

图 3-111

（10）选中两个矩形，单击鼠标右键，在弹出的快捷菜单中执行“编组”命令，如图3-112所示。

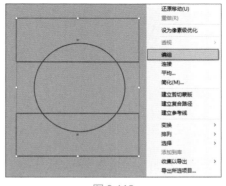

图 3-112

（11）选中图形组，执行“对象>变换>旋转”命令，在弹出的“旋转”对话框中设置"角度"为60，接着单击"复制"按钮，如图3-113所示。

图 3-113

（12）此时会将选中的图形复制一份并进行旋转，如图3-114所示。

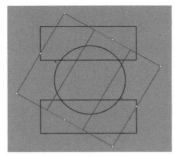

图 3-114

（13）在选中复制的图形的状态下，按Ctrl+D组合键将图形再次变换，如图3-115所示。

图 3-115

（14）选中所有图形后，选择工具箱中的"实时上色工具"，在控制栏中设置"填充"为黄色，接着将鼠标指针移动到圆形左上角位置的图形中，当圆形左上角区域高亮显示时单击即可填充黄色，如图3-116所示。

（15）继续为右侧的图形填充黄色，如图3-117所示。

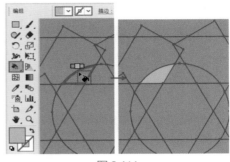

图 3-116

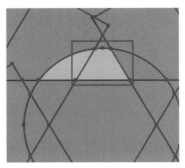

图 3-117

（16）继续使用相同的方法为其他图形填充颜色，效果如图3-118所示。

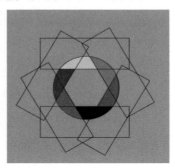

图 3-118

（17）使用"选择工具"选中图形，在控制栏中单击"扩展"按钮，如图3-119所示。

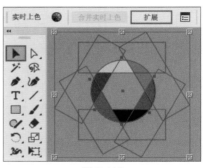

图 3-119

（18）选中图形，单击鼠标右键，在弹出的快捷菜单中执行"取消编组"命令，如图3-120所示。

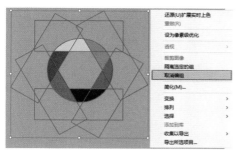

图 3-120

（19）使用"选择工具"选中黑色描边，按Delete键删除，此时图形效果如图3-121所示。

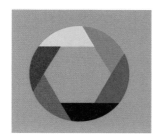

图 3-121

（20）将填充了颜色的图形组取消编组，使用"选择工具"选中上方的两个黄色图形，如图3-122所示。

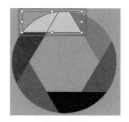

图 3-122

（21）执行"窗口>路径查找器"命令，在打开的"路径查找器"面板中单击"联集"按钮，将图形合并，如图3-123所示。

图 3-123

（22）选中黄色图形，执行"窗口>渐变"命令，在弹出的"渐变"面板中设置"渐变类型"为"线性"、"角度"为0°，然后编辑一个绿色系的渐变色，如图3-124所示。

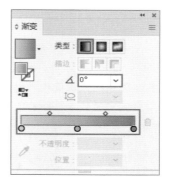

图 3-124

（23）此时画面效果如图3-125所示。

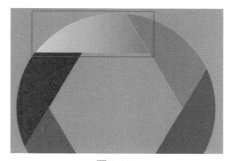

图 3-125

（24）继续使用同样的方法合并图形并更改填充颜色，然后框选图形并移动到圆角矩形中，效果如图3-126所示。

图 3-126

（25）执行"文件>打开"命令，打开素材1（1.ai）。使用工具箱中的"选择工具"选中文字，按Ctrl+C组合键进行复制，如图3-127所示。

图 3-127

（26）返回操作的文档，按Ctrl+V组合键将复制的文字粘贴到画面中，并移动至合适位置。本案例完成效果如图3-128所示。

图 3-128

3.7 不透明度与混合模式

默认情况下，上层对象会遮挡下层对象。要同时显示上层和下层的内容有两种方式：改变混合模式和降低不透明度。

混合模式是用于控制某个对象如何与下层对象合成的属性。改变混合模式可以使上层对象的像素与下层对象的像素以不同的方式混合，从而产生不同的效果。用户使用不同的混合模式可以轻松制作出许多特殊的效果。

（1）选中一个图形，控制栏中的"不透明度"选项用于更改图形的透明效果。默认图形的"不透明度"为100%，数值越低透明效果越强，如图3-129所示。

不透明度：100

不透明度：50

不透明度：10

图 3-129

（2）单击控制栏中的"不透明度"按钮，然后在下拉面板中单击"混合模式"按钮，可以在下拉列表中选择混合模式，如图3-130所示。

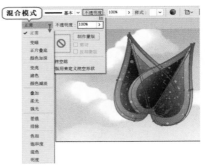

图 3-130

（3）尝试选择不同的混合模式，效果如图3-131所示。

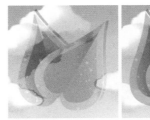
颜色叠加

强光

图 3-131

（4）执行"窗口>透明度"命令或者按Shift+Ctrl+F10组合键打开"透明度"面板，在"透明度"面板中也可以对"混合模式"和"不透明度"进行设置。另外，在"透明度"面板中还可以创建"透明度蒙版"，这种蒙版可以用黑色与白色控制对象的显示或隐藏。例如，在该图形中绘制一个黑白渐变色的图形当作蒙版图形，将该图形和蒙版图形选中，单击"透明度"面板中的"制作蒙版"按钮，随后蒙版图形中白色对应的区域被显示，黑色对应的区域被隐藏，灰色对应的区域则为半透明，如图3-132所示。

（5）在"透明度"面板中单击对象缩览图可以编辑对象，如果想要编辑蒙版图形则需要单击蒙版的缩览图。单击"释放"按钮，对象和蒙版会恢复原状。

Illustrator 2022 平面设计案例教程（全彩慕课版）

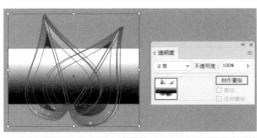

图 3-132

提示：

在"透明度"面板中，将鼠标指针放在"混合模式"按钮位置，滚动鼠标滚轮可以快速查看混合模式。

3.8 扩展练习：使用多种填充方式制作电商产品主图

文件路径：资源包\案例文件\第3章颜色设置\扩展练习：使用多种填充方式制作电商产品主图

案例效果如图3-133所示。

图 3-133

3.8.1 项目诉求

本案例需要制作电商平台网页中的护肤产品主图。主图要求与同类产品的广告有所区分，尽可能展现产品高端、奢华的气质，还要保证实物与文字的有效展示，从而便于消费者了解产品。

3.8.2 设计思路

本案例中的产品主图为正方形，将文字

放置在圆形背景的高光处，可以吸引观者将视线集中在产品信息处，然后流动到产品上方。这样的设计可以更直观地展示文字信息和产品外观。

3.8.3 配色方案

由于产品本身的颜色是固定的，所以画面中的其他颜色都需要根据产品的颜色来选择。金色与深棕色的渐变色背景融合动物斑纹，通过富有质感的肌理与成熟端庄的金棕色调相结合，凸显产品奢华、雍容的气质以及页面的层次感。产品主图的主要用色如图3-134所示。

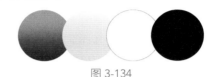

图 3-134

3.8.4 项目实战

（1）执行"文件>新建"命令，在弹出的"新建文档"对话框中设置"宽度"为800px、"高度"为800px，然后单击"创建"按钮完成新建操作，如图3-135所示。

图 3-135

（2）选择工具箱中的"矩形工具"，在画面中拖曳鼠标绘制一个与画板等大的矩形，如图3-136所示。

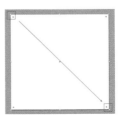

图 3-136

（3）选中矩形，设置"描边"为无，然后执行"窗口>渐变"命令，在弹出的"渐变"面板中设置"渐变类型"为"线性"、"角度"为-48°，然后编辑一个黄棕色系的渐变色，如图3-137所示。

图3-137

（4）此时画面效果如图3-138所示。

图3-138

（5）选择工具箱中的"矩形工具"，在画面中拖曳鼠标再次绘制一个与画板等大的矩形，如图3-139所示。

图3-139

（6）使用"选择工具"选中矩形，执行"窗口>色板库>图案>自然>自然_动物皮"命令，在弹出的"自然_动物皮"面板中单击"斑马"图案，如图3-140所示。

（7）在控制栏中设置"不透明度"为10%，此时画面效果如图3-141所示。

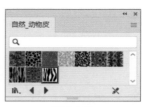

图3-140

图3-141

（8）选择工具箱中的"椭圆工具"，在画面中按住Shift键的同时拖曳鼠标绘制一个正圆，如图3-142所示。

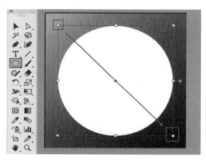

图3-142

（9）使用"选择工具"选中正圆，执行"窗口>渐变"命令，在弹出的"渐变"面板中设置"渐变类型"为"径向"，然后编辑一个浅黄色系的渐变色，如图3-143所示。

图3-143

Illustrator 2022 平面设计案例教程（全彩慕课版）

（10）使用"渐变工具"在圆形中拖曳鼠标调整渐变效果，如图3-144所示。

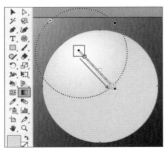

图 3-144

（11）执行"文件>置入"命令，置入素材1（1.png），单击控制栏中的"嵌入"按钮进行嵌入，如图3-145所示。

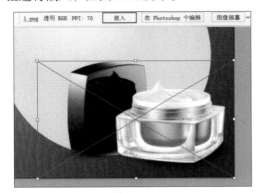

图 3-145

（12）置入素材2（2.ai）并嵌入文档中，然后将其移动至合适位置。本案例完成效果如图3-146所示。

图 3-146

3.9 课后习题

一、选择题

1. "窗口>透明度"命令的组合键是哪一个？（　　）
   - A．Shift+Ctrl+F8
   - B．Shift+Ctrl+F9
   - C．Shift+Ctrl+F10
   - D．Shift+Ctrl+F11

2. "色板"面板可用于以下哪种操作？（　　）
   - A．存储和调用颜色
   - B．创建图形特效
   - C．编辑透明度
   - D．调整混合模式

二、填空题

1. 为对象设置渐变色时，可以在_____面板中选择渐变类型。

2. 使用_____可填充多个图形的交叉区域，使交叉区域形成独立的图形。

三、判断题

1. 在"不透明度"面板中，可以设置图形的不透明度和混合模式。（　　）

2. 使用"吸管工具"设置颜色时，只能获取现有对象的颜色。（　　）

课后实战

● 绘制简单的卡通人物

使用多种几何图形绘制一个简单的卡通人物，包括身体、头部、眼睛、嘴巴、手和脚，并为每个部分设置合适的颜色。

第 4 章

对象变换与管理

本章将要介绍的功能都是针对已有对象的。通过本章的学习，我们可以掌握多种不同的选择对象的方式，以及运用多种工具对对象进行旋转、镜像、缩放、倾斜、扭曲等变形，并掌握对象的排列、对齐与分布、锁定、编组、隐藏等管理操作。

本章要点

★ 知识要点

❖ 熟练掌握"自由变换工具"的使用

❖ 熟练掌握对象的排列、对齐与分布、锁定、编组、隐藏操作

❖ 熟练掌握剪切蒙版的创建与使用

4.1 选择对象的多种方式

在Illustrator中，除使用"选择工具"选取对象外，还有多种可用于选择对象的工具或命令，如"套索工具"和"魔棒工具"，以及"选择"菜单下的命令。

4.1.1 使用"套索工具"选择对象

使用"套索工具" 🔊 可通过绘制一个区域来选择点、路径和对象。

（1）选择工具箱中的"套索工具"，拖曳鼠标绘制出选择的范围，如图4-1所示。

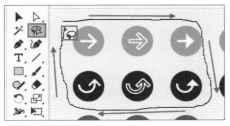

图 4-1

（2）释放鼠标左键后，绘制范围内的对象将被选中，如图4-2所示。

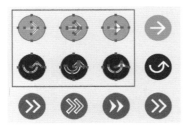

图 4-2

（3）使用"套索工具" 🔊 在图形上绘制，可以选中图形上的锚点，如图4-3所示。

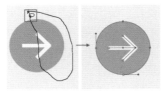

图 4-3

4.1.2 使用"魔棒工具"选择对象

使用"魔棒工具" 🪄 可以选中文档中属性相近的对象，如具有相同或相近颜色的图形、具有相近不透明度的对象等。

选择工具箱中的"魔棒工具"，在要选取的对象上单击，文档中填充了相同颜色的对象将全部被选中，如图4-4所示。

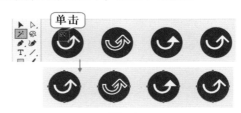

图 4-4

> **提示：**
>
> 双击工具箱中的"魔棒工具" 🪄，会弹出"魔棒"面板。在该面板中可以设置选择对象的依据，如图4-5所示。
>
>
>
> 图 4-5

4.1.3 选择全部对象

（1）执行"选择>全部"命令或按Ctrl+A组合键，可以选择文档中所有未被锁定的对象，如图4-6所示。

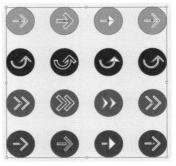

图 4-6

（2）在"选择"菜单中可以看到更多选择对象的方式，如图4-7所示。

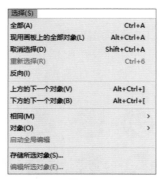

图 4-7

4.2 变换

选中对象后，通过对象外部的控制框可以移动、缩放、旋转对象。除此之外，工具箱中还提供了多种可以变换对象的工具，如"旋转工具" 🔄、"镜像工具" 🔼、"比例缩放工具" 📐、"倾斜工具" 🔽、"自由变换工具" 🔽、"操控变形工具" 📌。

4.2.1 旋转

（1）使用"选择工具"选中图形，将鼠标指针移动到角点位置的控制点外，待其变为↰形状时，拖曳鼠标即可旋转对象，如图4-8所示。

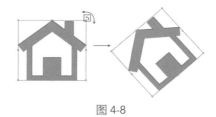

图 4-8

> **提示：**
> 按住Shift键拖曳控制点，可以以45°为增量进行旋转。

（2）使用"旋转工具"可以更改对象的旋转中心，或以特定角度旋转对象。选中对象，单击工具箱中的"旋转工具" 🔄。中心点⊹默认在图形的中心位置，拖曳中心点可移动中心点的位置。移动中心点之后，在图形上拖曳鼠标，将以当前中心点为轴心进行旋转，如图4-9所示。

中心点

图 4-9

（3）双击工具箱中的"旋转工具"（或执行"对象>变换>旋转"命令），会弹出"旋转"对话框，如图4-10所示。"角度"选项用于设置旋转的角度，单击"确定"按钮可以旋转对象，单击"复制"按钮可以旋转并复制一份对象，如图4-11所示。

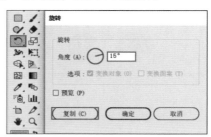

图 4-10

图 4-11

（4）使用"旋转工具"按住Alt键单击，可将"中心点"定位在单击位置，同时会弹出"旋转"对话框，在其中可以设置"旋转"数值，如图4-12所示。

图 4-12

4.2.2 镜像

"镜像工具" 可以以一条不可见的轴翻转对象。

（1）选中一个图形，如图4-13所示。

图 4-13

（2）双击工具箱中的"镜像工具"（或执行"对象>变换>镜像"命令），会弹出"镜像"对话框，选中"水平"单选按钮可以以水平方向翻转，选中"垂直"单选按钮可以以垂直方向翻转，如图4-14所示。

图 4-14

（3）图4-15所示为水平镜像和垂直镜像的效果。

水平镜像　　　　垂直镜像

图 4-15

（4）这里也可以先调整中心点的位置，然后选择"镜像工具"，在对象上拖曳鼠标，如图4-16所示。此时对象会向拖曳的方向移动并镜像，如图4-17所示。

图 4-16　　　　　　图 4-17

4.2.3 缩放

将对象缩小或放大简称"缩放"，缩放是最常用的操作之一。

（1）使用"选择工具"选中图形，图形会显示出控制点，拖曳控制点即可调整图形的大小，如图4-18所示。

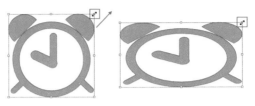

图 4-18

（2）按住Shift键拖曳控制点，可以在缩放过程中保持图形的长宽比不变。

（3）执行"窗口>变换"命令，在打开的"变换"面板中可以通过设置"宽"和"高"来精确设置对象的尺寸，如图4-19所示。

图 4-19

> **提示：**
>
> 双击"比例缩放工具"，在打开的"比例缩放"对话框中设置数值，可以进行精准的缩放，如图4-20所示。
>
>
>
> 图 4-20

4.2.4 倾斜

使用"倾斜工具" 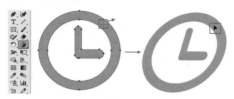 可以使所选对象产生倾斜效果。

（1）选中图形，单击工具箱中的"倾斜工具"，在图形上拖曳鼠标即可倾斜图形，如图4-21所示。

图 4-21

（2）选中要倾斜的对象，双击工具箱中的"倾斜工具"（或执行"对象>变换>倾斜"命令），在弹出的"倾斜"对话框中可以设置倾斜角度、轴，如图4-22所示。

图 4-22

4.2.5 自由变换

使用"自由变换工具" 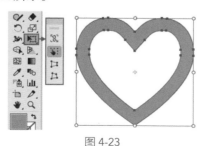 可以直接对对象进行缩放、旋转、倾斜、扭曲等操作。

（1）选中图形，选择工具箱中的"自由变换工具"，会显示出浮动工具箱，如图4-23所示。

图 4-23

（2）单击"自由变换工具"，拖曳角点位置的控制点可对图形进行缩放，如图4-24所示。

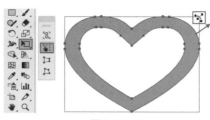

图 4-24

（3）单击"限制"按钮，拖曳控制点可对图形进行等比缩放，如图4-25所示。

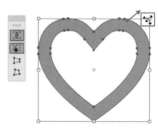

图 4-25

（4）拖曳中间位置的控制点可以使对象产生倾斜变形，如图4-26所示。

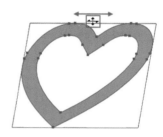

图 4-26

（5）将鼠标指针移动到控制点外侧，待其变为↰形状后，拖曳鼠标进行旋转，如图4-27所示。

图 4-27

（6）单击浮动工具箱中的"透视扭曲"按钮，拖曳控制点可对图形进行透视扭曲，如图4-28所示。

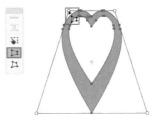

图 4-28

（7）单击"自由扭曲"按钮 ，拖曳控制点可对图形进行扭曲变形，如图4-29所示。

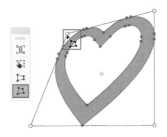

图 4-29

4.2.6 操控变形

使用"操控变形工具" 可以随意拖曳控制点使矢量图形自由变形。

（1）选中图形，单击工具箱中的"操控变形工具"，图形会显示出网格和控制点，如图4-30所示。

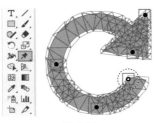

图 4-30

（2）拖曳控制点可以使对象变形，如图4-31所示。

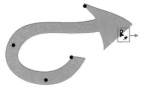

图 4-31

（3）拖曳控制点外侧的虚线可以旋转该

控制点，如图4-32所示。

图 4-32

（4）在图形上单击可添加控制点，如图4-33所示。选中控制点，按Delete键可删除该控制点。

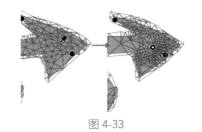

图 4-33

4.3 封套扭曲

"封套扭曲"可以使用自定义的封套形状来扭曲或变形对象。简单地说，封套形状就像一个容器，用户可以将对象放入其中，然后通过调整容器的形状对其进行扭曲。取消封套后，对象可恢复为原始形态。另外，也可以扩展封套使变形效果直接作用于图形。

在Illustrator中，"封套扭曲"有3种模式："用网格建立""用变形建立""用顶层对象建立"。

（1）选中一个图形，执行"对象>封套扭曲>用网格建立"命令，在弹出的"封套网格"对话框中设置网格的行数和列数，单击"确定"按钮，如图4-34所示。

图 4-34

（2）此时可以看到对象上出现封套的网格，使用"直接选择工具"拖曳网格点即可对图形进行变形，如图4-35所示。

图 4-35

（3）继续拖曳控制点对图形进行扭曲变形，如图4-36所示。

图 4-36

（4）使用另一种封套方式。选中一个图形，如图4-37所示。

图 4-37

（5）执行"对象>封套扭曲>用变形建立"命令，打开"变形选项"对话框，在"样式"下拉列表中选择变形的样式效果，然后设置变形的方向、弯曲的强度、扭曲的方向。这里设置"样式"为"弧形"、"方向"为"水平"、"弯曲"为39%，完成后单击"确定"按钮，如图4-38所示。

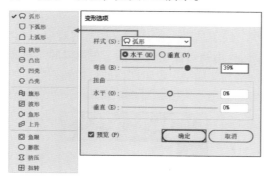

图 4-38

（6）此时图形效果如图4-39所示。

图 4-39

（7）继续对其他文字进行变形，效果如图4-40所示。

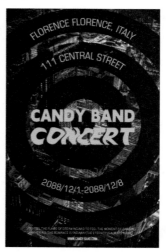

图 4-40

（8）选中封套扭曲的对象，单击控制栏中的"编辑封套"按钮可以更改封套，如图4-42所示。

图 4-42

（9）选中封套扭曲的对象，执行"对象>封套扭曲>释放"命令，此时封套对象还原为初始状态，并留下一个用于创建封套的灰色图形，如图4-43所示。如果不需要，删除即可。

图 4-43

（10）执行"对象>封套扭曲>扩展"命令，可将该封套对象转换为普通的对象。虽然封套被删除，但对象仍保持扭曲的形状，如图4-44所示。

图 4-44

4.4 对象管理

文档对象的管理包括排列、对齐与分布、锁定、编组等操作，用户执行这些操作可以更加简单、高效地制图。

4.4.1 排列

在文档中，位于上层的对象会优先显示，位于底层的对象会被上层的对象内容遮盖住。使用"排列"命令可以改变图形的层次，从而影响画面的效果。

（1）使用"选择工具"选中灰色图形，如图4-45所示。

图 4-45

（2）执行"对象>排列>置于顶层"命令或者按Shift+Ctrl+]组合键，可将所选对象置于画面最上层，如图4-46所示。

图 4-46

（3）执行"对象>排列>前移一层"命令或者按Ctrl+]组合键，可将图形向前移一层，如图4-47所示。

图 4-47

（4）同理，执行"对象>排列>置于底层"命令或者按Shift+Ctrl+[组合键，可将图形置于整个画面的最下层；执行"对象>排列>后移一层"命令或者按Ctrl+[组合键，可将图形向后移一层。

提示：

执行"窗口>图层"命令打开"图层"面板，在"图层"面板中上下拖曳对象，也可以调整对象的排列顺序，如图4-48所示。

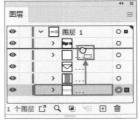

图 4-48

4.4.2 对齐与分布

当画面中的对象需要整齐排列时，可以利用"对齐与分布"功能实现。

（1）使用"选择工具"选中需要对齐的对象，在控制栏中可以进行对齐与分布操作，如图4-49所示。

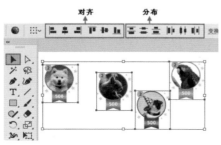

图 4-49

（2）"对齐"功能主要用于使两个或两个以上的对象按照指定的位置对齐排列。例如，单击"垂直顶对齐"按钮，可以将所选对象的顶部对齐到一条横线上，如图4-50所示。

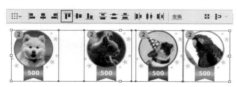

图 4-50

（3）"分布"功能可以使对象等距排列，如图4-51所示。

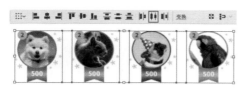

图 4-51

（4）执行"窗口>对齐"命令，在"对齐"面板中也可以进行对齐与分布的操作，如图4-52所示。

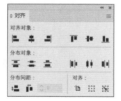

图 4-52

4.4.3 锁定

"锁定"是指将对象固定在所在位置，对象被锁定后将无法被选中。

（1）选中要锁定的对象，如图4-53所示。执行"对象>锁定>所选对象"命令或者按Ctrl+2组合键，可将所选对象锁定。此时该对象无法被选中和移动。

图 4-53

（2）执行"窗口>图层"命令，打开"图层"面板，此时可以看到被锁定对象左边带有 🔒 图标，如图4-54所示。

图 4-54

（3）单击 🔒 图标可将锁定的对象解锁，如图4-55所示。

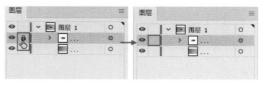

图 4-55

（4）执行"对象>全部解锁"命令或按Alt+Ctrl+2组合键，可解锁文档中所有锁定的对象。

4.4.4 编组

"编组"是指将两个或两个以上的对象"捆绑"在一起，以方便用户选择和管理。

（1）按住Shift键单击选中两个对象，如图4-56所示。

Illustrator 2022　平面设计案例教程（全彩慕课版）

图 4-56

（2）执行"对象>编组"命令或者按Ctrl+G组合键，可对两个对象进行编组。编组后使用"选择工具"单击即可将两个对象同时选中，如图4-57所示。

图 4-57

（3）编组后如果要选中组中的某个对象，则选择工具箱中的"编组选择工具" ，在组中的对象上单击即可，如图4-58所示。

图 4-58

（4）要取消编组，可以选中编组的对象，然后执行"对象>取消编组"命令或按Shift+Ctrl+G组合键。

4.4.5 隐藏

当画面中的对象较多时，可以将影响操作的对象暂时隐藏，等需要时再显示出来。注意，隐藏的对象仍然存在于文档中。

（1）选中需要隐藏的对象，如图4-59所示。

图 4-59

（2）执行"对象>隐藏>所选对象"命令或者按Ctrl+3组合键，可将选中的对象隐藏，效果如图4-60所示。

图 4-60

（3）执行"对象>显示全部"命令或者按Alt+Ctrl+3组合键，可将所有隐藏的对象显示出来。

提示：

　　执行"窗口>图层"命令打开"图层"面板，单击 ● 按钮可将该图层隐藏，如图4-61所示。再次单击该位置，可将该图层显示出来。

图 4-61

4.4.6 栅格化矢量图形

"栅格化"是指将矢量图形转换为位图。

（1）选中矢量图形，如图4-62所示。

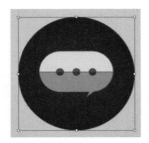

图 4-62

（2）执行"对象>栅格化"命令，会弹出"栅格化"对话框。在该对话框中先对"颜色模型"和"分辨率"进行设置，"背景"选项用于设置栅格化对象的背景，选择"白色"时，背景空白位置会被白色填充，选择"透明"时，背景空白位置仍然保留原始效果，设置完成后单击"确定"按钮，如图4-63所示。

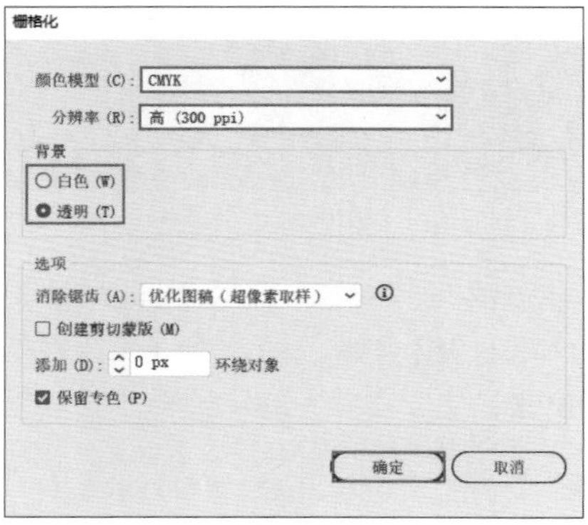

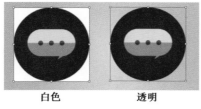

图 4-63

（3）图4-64所示为选择不同背景选项后的对比效果。栅格化后的对象会失去矢量对象的属性而变为位图。

图 4-64

4.4.7 剪切蒙版

"剪切蒙版"功能主要用于隐藏对象的局部。

剪切蒙版包括两部分：一部分是需要隐藏的对象，可以称为"内容对象"，"内容对象"可以是矢量图形，也可以是位图，可以是一个，也可以是多个；另一部分是"剪切对象"，"剪切对象"控制着"内容对象"的显示范围，"剪切对象"只能是矢量图形。

（1）以小鸟图片作为内容对象，如图4-65所示。

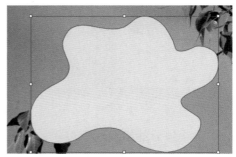

图 4-65

（2）以灰色图形作为剪切对象，如图4-66所示。

图 4-66

（3）选中内容对象（小鸟图片）和剪切对象（灰色图形），然后执行"对象>剪切蒙版>建立"命令或者按Ctrl+7组合键，创建剪切蒙版。此时可以看到矢量图形以外的部分被隐藏了，如图4-67所示。

图 4-67

（4）选择"直接选择工具"，拖曳锚点可以对剪切对象进行变形，此时剪切蒙版效果也会发生变化，如图4-68所示。

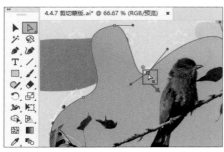

图 4-68

（5）如果要对内容对象进行编辑，则单击控制栏中的"编辑内容"按钮 ⊙，此时内容对象被选中，可以对其进行移动、缩放等操作，如图4-69所示。编辑完成后，在空白位置单击即可退出编辑状态。

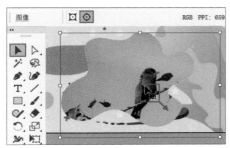

图 4-69

（6）选中已经创建了剪切蒙版的对象，执行"对象>剪切蒙版>释放"命令或者按Alt+Ctrl+7组合键，可释放剪切蒙版。释放后内容对象将恢复到最开始的状态，如图4-70所示。

图 4-70

4.4.8 实操：整齐排列的名片展示效果

文件路径：资源包\案例文件\第4章对象变换与管理\实操：整齐排列的名片展示效果

案例效果如图4-71所示。

图 4-71

1. 项目诉求

本案例需要制作名片整齐排列的展示效果。

名片的平面设计稿制作好以后，通常需要以较为直观的效果展现在客户面前。展示方式不限，效果美观即可。

2. 设计思路

常见的名片展示效果有很多种，可以直接在画面中平放展示名片的正反面，也可以将名片贴合到真实场景的样机图像中。本案例将名片复制出多份，以整齐排列的形式呈现在画面中，给观者以较为强烈的视觉冲击力。

3. 配色方案

名片整体以咖啡色为主色，深卡其色与乳白色作为辅助，营造出较为奢华、大气的风格。为了突出作为主体物的名片，背景色使用了灰绿色，与名片形成较为鲜明的对比。名片的主要用色如图4-72所示。

图 4-72

4. 项目实战

（1）执行"文件>新建"命令，在弹出的"新建文档"对话框中单击"打印"按钮，选择A4尺寸，设置方向为"横向"，然后单击"创建"按钮，如图4-73所示。

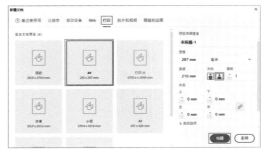

图 4-73

（2）选择工具箱中的"矩形工具"，双击工具箱下方的"填色"按钮，在弹出的"拾色器"窗口中拖曳中间的滑块选择色相，并在左侧的色域中选择灰绿色，如图4-74所示。

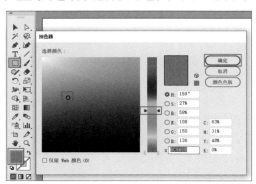

图 4-74

（3）单击控制栏中的"描边"按钮，然后在弹出的下拉面板中单击"无"，如图4-75所示。

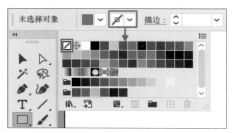

图 4-75

（4）设置完成后，从画板左上角向右下角拖曳鼠标，绘制一个与画板等大的矩形，如图4-76所示。

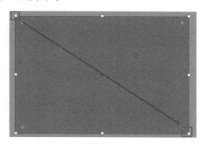

图 4-76

（5）执行"文件>置入"命令，置入素材1（1.jpg），然后单击控制栏中的"嵌入"按钮进行嵌入，如图4-77所示。

（6）再次执行"文件>置入"命令，置入素材2（2.jpg），如图4-78所示。

图 4-77

图 4-78

（7）使用"选择工具"选中素材1和素材2，在按住Alt键的同时向右拖曳鼠标，至合适位置时释放鼠标左键完成移动和复制，如图4-79所示。

图 4-79

（8）使用同样的方法将素材1和素材2再次各复制一份，并摆放在合适的位置。此时文件中有6张名片图片，效果如图4-80所示。

图 4-80

（9）选中所有名片图片，单击控制栏中的"垂直居中对齐" 和"水平居中分布" 按钮，如图4-81所示。

图 4-81

（10）使用"选择工具"选中所有名片图片，执行"对象>编组"命令，将名片图片编组，如图4-82所示。

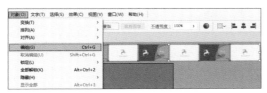

图 4-82

（11）选中名片组，在按住Alt键的同时向下拖曳鼠标，至合适位置时释放鼠标左键完成移动和复制，如图4-83所示。

图 4-83

（12）选中所有名片图片，执行"对象>编组"命令，将名片图片编组，以形成新的名片组。接着选中新的名片组，在按住Shift+Alt组合键的同时向下拖曳鼠标，至合适位置时释放鼠标左键完成移动和复制，如图4-84所示。

图 4-84

（13）执行"对象>变换>再次变换"命令，将名片组以相同的移动距离与方向再次复制一份，此时画面效果如图4-85所示。

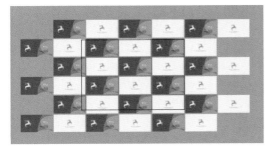

图 4-85

（14）使用"选择工具"选中所有名片图片，单击鼠标右键，在弹出的快捷菜单中执行"编组"命令，形成新的名片组，如图4-86所示。

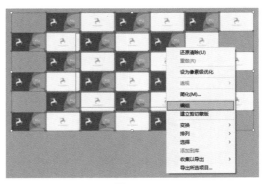

图 4-86

（15）选中名片组，在按住Shift键的同时拖曳控制点，将名片组旋转至合适角度，如图4-87所示。

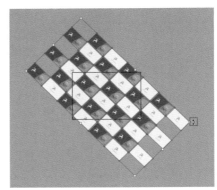

图 4-87

（16）选择工具箱中的"矩形工具"，在控制栏中设置"填充"为白色、"描边"为无，然后在画面中绘制一个与画板等大的矩形，如图4-88所示。

图 4-88

（17）选中矩形和名片组，单击鼠标右键，在弹出的快捷菜单中执行"建立剪切蒙版"命令，如图4-89所示。

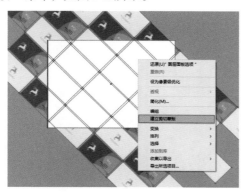

图 4-89

（18）本案例完成效果如图4-90所示。

图 4-90

4.4.9 实操：使用剪切蒙版制作旅游海报

文件路径：资源包\案例文件\第4章对象变换与管理\实操：使用剪切蒙版制作旅游海报

案例效果如图4-91所示。

图 4-91

1. 项目诉求

本案例要求设计师充分运用图像、图形和文字排版等方面的巧妙设计，创作出一幅浪漫、梦幻且极具吸引力的海报，激发观者的兴趣。海报需充分展示旅游景点的唯美风光和宜人的环境气候，激发观者产生前往旅行的意愿。

2. 设计思路

为了吸引观者的注意力，整个画面以图像展示为主。梦幻的海岛环境、优美的水域景色与茂密的热带植物丛林极具视觉吸引力，使观者产生较强的代入感与期待感。以图形切割的方式对风景照片进行处理，形成类似钢琴键的图像效果，赋予画面律动感与个性感，增强了海报的视觉表现力。

3. 配色方案

图像作为海报的主体，碧蓝色的海水与黄绿色的植物占据了画面的大部分区域。在此之外的画面内容均为辅助图像而生，而黑、白两色最适合作为衬托色出现。海报的主要用色如图4-92所示。

图 4-92

4. 项目实战

（1）执行"文件>新建"命令，在弹出的"新建文档"对话框中单击"打印"按钮，选择A4尺寸，设置方向为"纵向"，然后单击"创建"按钮，如图4-93所示。

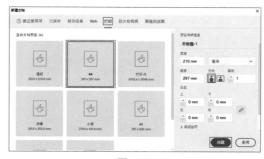

图 4-93

（2）选择工具箱中的"矩形工具"，在控制栏中设置"填充"为白色、"描边"为无，然后从画板左上角向右下角拖曳鼠标，绘制一个与画板等大的矩形，如图4-94所示。

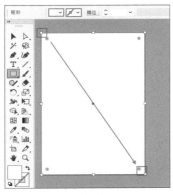

图 4-94

（3）执行"文件>置入"命令，置入素材1（1.jpg），然后单击控制栏中的"嵌入"按钮进行嵌入，如图4-95所示。

图 4-95

（4）因为在后面的操作中会多次使用到图片创建剪切蒙版，所以选中刚置入的风景图片素材，按Ctrl+C组合键进行复制，按Ctrl+V组合键进行粘贴，如图4-96所示。

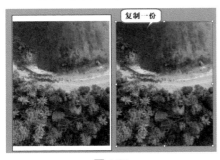

图 4-96

（5）选中原风景图片素材，选择工具箱中的"矩形工具"，在控制栏中设置"填充"为白色、"描边"为无，然后在画面的合适位置拖曳鼠标，绘制一个矩形，如图4-97所示。

图 4-97

（6）选中矩形和素材1，单击鼠标右键，在弹出的快捷菜单中执行"建立剪切蒙版"命令，如图4-98所示。

图 4-98

（7）此时画面效果如图4-99所示。

图 4-99

（8）选中步骤4中复制得到的风景图片，按Ctrl+C组合键进行复制，按Ctrl+V组合键进行粘贴。然后使用"矩形工具"在画面中的另一个位置绘制一个矩形，如图4-100所示。

图 4-100

（9）选中矩形和当前风景图片，按Ctrl+7组合键创建剪切蒙版，效果如图4-101所示。

图 4-101

（10）使用相同的方法制作其他图形，如图4-102所示。

图 4-102

（11）执行"文件>置入"命令，置入素材2（2.ai），然后单击控制栏中的"嵌入"按钮进行嵌入。本案例完成效果如图4-103所示。

图 4-103

4.5 扩展练习：儿童教育机构宣传广告

文件路径：资源包\案例文件\第4章对象变换与管理\扩展练习：儿童教育机构宣传广告

案例效果如图4-104所示。

图 4-104

4.5.1 项目诉求

这是一则为儿童教育机构设计的宣传广告，要求画面简洁、宣传有力，能够快速抓住消费者的眼球，体现品牌核心价值和卖点，给消费者留下深刻的印象。

4.5.2 设计思路

作为新进入市场的品牌，要先让消费者认识它、记住它，进而才能够获得消费者的"认可"。所以，此类广告的设计要点在于给消费者留下深刻的印象。画面不需要有过多的内容，多而杂的信息会造成消费者注意力涣散。清晰的品牌名称、明确的品牌卖点，结合以图像为主的特征化元素足矣。

4.5.3 配色方案

该广告以明黄色作为主色调。该颜色的纯度和明度都很高，具有很强的视觉冲击力。而且该颜色应用在儿童教育行业，具有朝气、活力、欢乐等积极的象征意义。广告的主要用色如图4-105所示。

图 4-105

4.5.4 项目实战

（1）执行"文件>新建"命令，在弹出的"新建文档"对话框中设置"单位"为"像素"、"宽度"为1920px、"高度"为1080px，然后单击"创建"按钮完成新建操作，如图4-106所示。

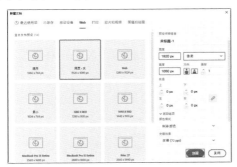

图 4-106

（2）选择工具箱中的"矩形工具"，双击工具箱底部的"填色"按钮，在弹出的"拾色器"对话框中设置填充色为橘黄色，在控制栏中设置"描边"为无，如图4-107所示。

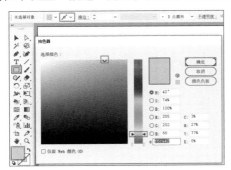

图 4-107

（3）从画板左上角向右下角拖曳鼠标，绘制一个与画板等大的矩形，如图4-108所示。

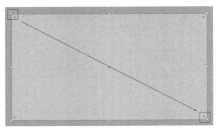

图 4-108

（4）执行"文件>置入"命令，置入素材1（1.jpg），并摆放到画面中合适位置，然后单击控制栏中的"嵌入"按钮进行嵌入，如图4-109所示。

图 4-109

（5）选择工具箱中的"椭圆工具"，双击工具箱底部的"填色"按钮，在弹出的"拾色器"对话框中拖曳中间的滑块选择色相，并在左侧的色域中选择青色，如图4-110所示。

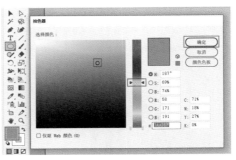

图 4-110

（6）单击控制栏中的"描边"按钮，然后在弹出的下拉面板中单击"白色"、设置

"描边粗细"为14pt，如图4-111所示。

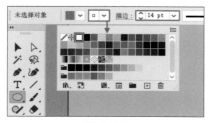

图 4-111

（7）在画面左下角按住Shift键的同时拖曳鼠标绘制一个正圆，如图4-112所示。

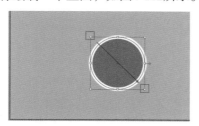

图 4-112

（8）使用"选择工具"选中青色描边正圆，在按住Alt键的同时向右拖曳鼠标，释放鼠标左键即完成移动和复制的操作，如图4-113所示。

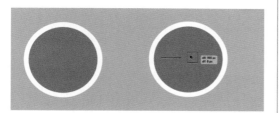

图 4-113

（9）选中复制的青色描边正圆，双击工具箱底部的"填色"按钮，在弹出的"拾色器"对话框中拖曳中间的滑块选择色相，并在左侧的色域中选择红色，如图4-114所示。

图 4-114

（10）设置完成后单击"确定"按钮，圆形效果如图4-115所示。

图 4-115

（11）继续使用同样的方法制作其他图形并修改填充颜色，此时画面效果如图4-116所示。

图 4-116

（12）选中所有正圆，执行"窗口>对齐"命令，在弹出的"对齐"面板中单击"垂直居中对齐"按钮 和"水平居中分布"按钮 ，如图4-117所示。

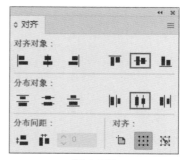

图 4-117

（13）此时画面效果如图4-118所示。

图 4-118

（14）执行"文件>置入"命令，置入素材2（2.png），然后单击控制栏中的"嵌入"按钮进行嵌入，如图4-119所示。

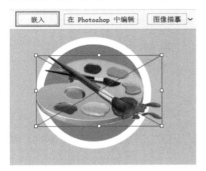

图 4-119

（15）使用工具箱中的"选择工具"选中青色描边正圆和素材2，单击鼠标右键，在弹出的快捷菜单中执行"编组"命令，如图4-120所示。

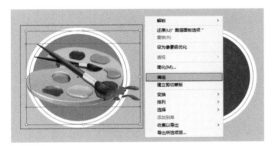

图 4-120

（16）继续使用同样的方法置入其他素材，并摆放到画面中合适位置，效果如图4-121所示。

图 4-121

（17）执行"文件>置入"命令，置入素材7（7.ai），然后单击控制栏中的"嵌入"按钮进行嵌入，如图4-122所示。

（18）使用"选择工具"选中素材7，单击鼠标右键，在弹出的快捷菜单中执行"排列>后移一层"命令，如图4-123所示。

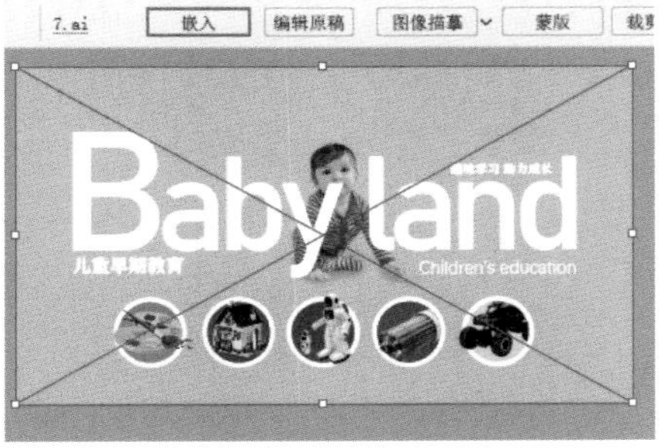

图 4-122

图 4-123

（19）继续多次执行该命令，将素材7移动至人物后方。本案例完成效果如图4-124所示。

图 4-124

4.6 课后习题

一、选择题

1. 在选择对象时，可以使用哪个工具？（ ）
   A. 钢笔工具
   B. 抓手工具
   C. 套索工具
   D. 切片工具

2. 在对象变换中，可以应用哪些类型的变换？（　　）
   A. 缩放
   B. 倾斜
   C. 旋转
   D. 所有上述类型
3. 如何将多个对象组合在一起？（　　）
   A. 使用排列工具
   B. 使用对齐工具
   C. 使用"编组"命令
   D. 使用"隐藏"命令

二、填空题
1. 在变换对象时，可以按住＿＿＿＿＿键进行等比例变换。
2. 在对象管理中，可以使用＿＿＿＿命令将对象锁定在当前位置。

三、判断题
1. 使用"魔棒工具"可以快速选择相似颜色的对象。（　　）
2. "操控变形工具"可以通过拖曳控制点的方式使矢量图形自由变形。（　　）

课后实战

● 绘制简单的标志

运用本章所学内容创建一个简单的标志，要求标志至少由3个图形元素构成。同时，对该标志进行变换、排列和锁定等操作。

第**5**章

高级绘图

本章要点

通过前面章节的学习，我们知道简单的几何图形可以运用"矩形工具""椭圆工具"等简单绘图工具绘制，但如果想要绘制复杂的对象，以上工具就不再适用。本章将介绍几种能够绘制复杂图形的工具。例如，使用"钢笔工具"可以随心所欲地绘制各种路径，并且还可以对绘制好的路径进行编辑与调整；使用"变形工具组"中的工具可以轻松改变对象形态。除此之外，本章还会介绍其他的绘图工具，如"铅笔工具""斑点工具""画笔工具"等，这些工具在绘制插画时使用频率较高。

★ 知识要点

❖ 熟练掌握使用"钢笔工具"绘制与编辑路径的方法

❖ 熟练应用路径查找器

❖ 熟练应用变形工具组中的工具

❖ 掌握图表的创建与编辑方法

5.1 钢笔绘图

矢量图形是由一段段路径组成的，每段路径包括锚点、路径、方向线和方向点，如图5-1所示。绘制复杂的图形其实就是在合适的位置创建出锚点，改变锚点的位置或形态都会影响到图形的外形。

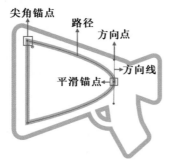

图 5-1

"钢笔工具"可以创建精确的、可编辑的路径，用于绘制很多复杂的图形，如曲线、线条、多边形等。在使用"钢笔工具"时，用户可以添加或删除锚点，并通过调整锚点的控制柄精确控制路径的形状和曲线。

5.1.1 使用"钢笔工具"绘图

使用"钢笔工具" 📝可以绘制直线或平滑的路径，而且可以在极大程度上控制图形的精细程度。（读者可以参考本小节配套素材文件中的虚线素材进行练习。）

（1）选择工具箱中的"钢笔工具"，将鼠标指针移动到画面中单击，可以创建起始锚点，接着移动到下一个位置单击，两个锚点之间就形成了一段直线路径，如图5-2所示。

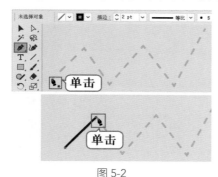

图 5-2

（2）继续在转折的位置单击添加锚点，当需要完成路径绘制时，按Esc键可以得到一段开放路径，如图5-3所示。通过单击创建的锚点为尖角锚点。

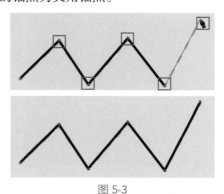

图 5-3

（3）在绘制路径的过程中，按住Shift键单击可绘制水平或垂直的路径。如需封闭路径，则将鼠标指针移动至起始锚点上，此时鼠标指针会变为 📝形状，单击鼠标左键即可得到一个闭合的路径，如图5-4所示。

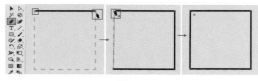

图 5-4

（4）使用"钢笔工具"也可以绘制平滑的曲线。在起始位置单击，接着将鼠标指针移动到下一个位置，拖曳鼠标会绘制出一段方向线，通过方向线可以控制路径的走向，如图5-5所示。

图 5-5

（5）将鼠标指针移动到下一个位置后拖曳鼠标，绘制出另一段弧线，如图5-6所示。继续绘制，最后可以按Esc键完成开放路径的绘制。以此种方法创建的锚点为平滑锚点，如图5-7所示。

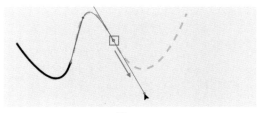

图 5-6

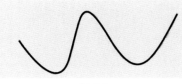

图 5-7

（6）使用"钢笔工具"绘制带有转折的曲线路径。首先绘制一段曲线，然后在转折位置创建锚点，接着将鼠标指针移动到下一个转折的位置，通过预览可以看到路径的走向并不符合预期，如图5-8所示。

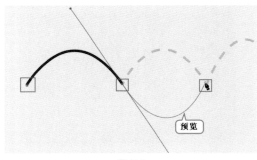

图 5-8

（7）将鼠标指针移动到锚点上方，按住Alt键可以切换到"锚点工具"，此时鼠标指针变为形状，单击即可将平滑锚点转换为尖角锚点，如图5-9所示。

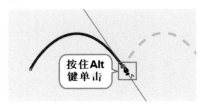

图 5-9

（8）将鼠标指针移动到下一个转折的位置，拖曳鼠标，效果如图5-10所示。

（9）继续绘制，效果如图5-11所示。

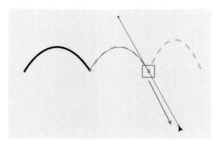

图 5-10

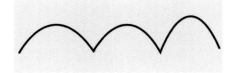

图 5-11

5.1.2 修改路径形态

使用"钢笔工具"绘制路径后，可以通过"直接选择工具""添加锚点工具""删除锚点工具""锚点工具"以及控制栏编辑路径。

（1）选择工具箱中的"直接选择工具" ，单击图形会显示出图形的锚点，如图5-12所示。

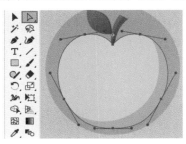

图 5-12

（2）单击锚点即可将锚点选中，被选中的锚点显示为实心 ，未被选中的锚点显示为空心 。选中锚点后，在控制栏中会显示用来编辑锚点的选项，如图5-13所示。

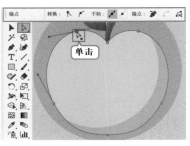

图 5-13

（3）选中锚点后，拖曳锚点即可调整锚点的位置，拖曳方向线则可以对路径进行调整，如图5-14所示。

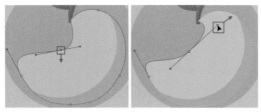

图 5-14

（4）选中平滑锚点后，单击控制栏中的 ![按钮] 按钮，可将平滑锚点转换为尖角锚点，如图5-15所示。

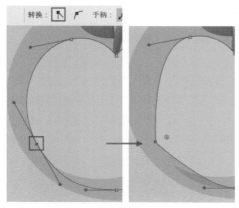

图 5-15

（5）选择工具箱中的"锚点工具" ![图标]，单击锚点，也可将平滑锚点转换为尖角锚点，如图5-16所示。

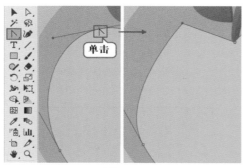

图 5-16

（6）选中尖角锚点，单击控制栏中的 ![按钮] 按钮，可将尖角锚点转换为平滑锚点，如图5-17所示。

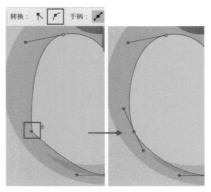

图 5-17

（7）选择工具箱中的"锚点工具" ![图标]，将鼠标指针移动到尖角锚点上，拖曳鼠标可绘制出方向线，此时尖角锚点转换为平滑锚点，如图5-18所示。

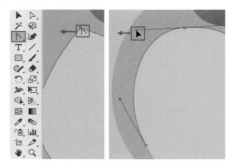

图 5-18

（8）选择"锚点工具"，拖曳平滑锚点一侧的方向线，可以改变路径形状，如图5-19所示。

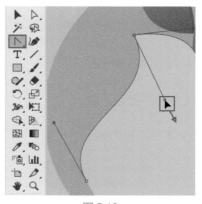

图 5-19

（9）使用"直接选择工具"，将鼠标指针移动到路径上，待其变为 ![形状] 形状时拖曳鼠标可更改路径走向，如图5-20所示。

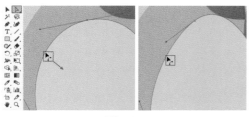

图 5-20

（10）在路径上添加锚点。选择工具箱中的"添加锚点工具" ，将鼠标指针移动到路径上单击即可添加锚点，如图5-21所示。

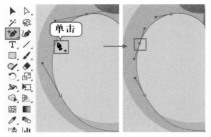

图 5-21

（11）删除锚点。选择工具箱中的"删除锚点工具" ，将鼠标指针移动到锚点上单击即可将锚点删除，如图5-22所示。

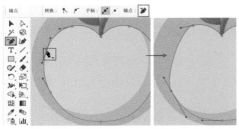

图 5-22

提示：

选中锚点后，按Delete键可将锚点删除，并且路径也一同被删除，如图5-23所示。

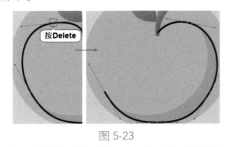

图 5-23

（12）使用"钢笔工具"也可以添加和删除锚点。选择"钢笔工具"，将鼠标指针移动到路径上，待其变为 形状时单击可添加锚点；将鼠标指针移动到锚点上，待其变为 状时单击可删除锚点，如图5-24所示。

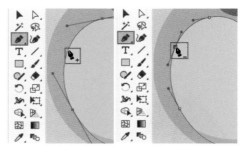

图 5-24

提示：

使用"钢笔工具"，按住Alt键可以切换到"锚点工具"；按住Ctrl键可以切换到"直接选择工具"。

5.2 学习其他绘图工具

作为一款强大的矢量绘图软件，Illustrator中提供了一些针对插画设计的绘图工具，如"画笔工具""斑点画笔工具""铅笔工具"等，以及配合这些工具使用的辅助工具，如"平滑工具""橡皮擦工具"。除此之外，本节还会介绍一些用来编辑路径、绘制曲线以及特殊的创建图形的工具。

5.2.1 画笔工具

使用"画笔工具" 可以徒手绘制线条，并且可以通过更改笔尖样式制作出丰富的线条效果。

（1）选择工具箱中的"画笔工具"，在控制栏中更改"描边颜色"和"描边粗细"，然后在画面中拖曳鼠标即可进行绘制，如图5-25所示。

（2）单击"画笔定义"下拉按钮，在下拉菜单中可以选择画笔笔尖的样式，如图5-26所示。

图 5-25

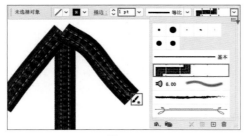

图 5-26

（3）选中路径，单击"变量宽度配置文件"下拉按钮，可以更改路径的宽度比例，如图5-27所示。

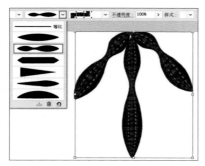

图 5-27

（4）选中路径，单击"画笔定义"下拉按钮，然后单击下拉面板底部的"移去画笔描边"按钮 ✖，可移除画笔描边，恢复为常规的路径描边，如图5-28所示。

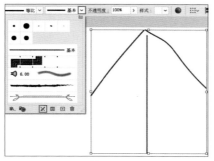

图 5-28

（5）执行"窗口>画笔"命令，可以在打开的"画笔"面板中选择画笔样式。单击面板左下角的"画笔库菜单"按钮 🖿，可在菜单中选择打开的画笔库，如图5-29所示。

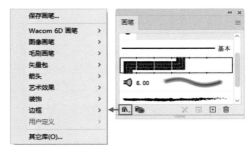

图 5-29

（6）执行"毛刷画笔库"命令，选中路径后单击画笔样式，效果如图5-30所示

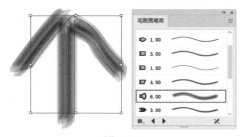

图 5-30

（7）如果要将画笔属性去除并将其转换为形状，则选中路径后执行"对象>扩展外观"命令，如图5-31所示。

图 5-31

5.2.2 斑点画笔工具

使用"斑点画笔工具" 🖉 可以通过涂抹的方式绘制出闭合的图形，而非单独的路径。

（1）双击工具箱中的"斑点画笔工具"，在弹出的"斑点画笔工具选项"对话框中拖曳"保真度"滑块可调整绘制路径的平滑程度，"大小"选项用于调整笔尖的大小，如图5-32所示。

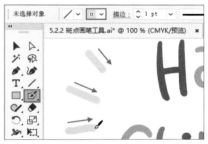

图 5-32

（2）设置合适的"描边"颜色，在画面中拖曳鼠标进行绘制，如图5-33所示。

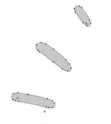

图 5-33

（3）使用"直接选择工具"选中这些对象，会发现它们不是带有描边的路径，而是闭合的图形，如图5-34所示。

图 5-34

（4）使用"斑点画笔工具"绘制图形无须一气呵成，绘制一部分图形后，只要继续在这个图形上绘制，新绘制的部分将与原始图形合并在一起，如图5-35所示。

图 5-35

（5）在"斑点画笔工具选项"对话框中设置笔尖的"圆度"可以改变笔尖的形状，当数值小于100%时，笔尖就由圆形改为椭圆形；"角度"选项用于设置笔尖的角度，或者在缩览图中拖曳鼠标指针可以更改角度和圆度，如图5-36所示。设置完成后可以绘制出粗细不均匀的笔触效果，如图5-37所示。

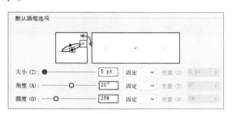

图 5-36

图 5-37

（6）尝试绘制一些简单、可爱的卡通图案，效果如图5-38所示。

图 5-38

5.2.3 铅笔工具

使用"铅笔工具" ✐ 可以轻松绘制任意线条和闭合的路径。

（1）选择工具箱中的"铅笔工具"，在控制栏中设置合适的"描边颜色"和"描边粗细"，接着在画面中拖曳鼠标进行路径的绘制，当鼠标指针移动到起始位置时，待其

91

变为 🖊 形状后释放鼠标左键即可绘制一条闭合路径，如图5-39所示。

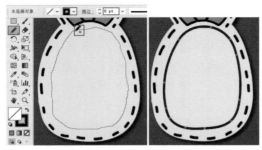

图 5-39

（2）继续在画面中拖曳鼠标绘制线条，如图5-40所示。

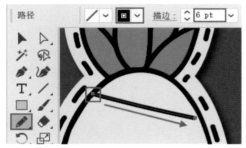

图 5-40

（3）在绘制过程中按住Alt键并拖曳鼠标，释放鼠标左键后即绘制出一条直线路径，如图5-41所示。

图 5-41

（4）继续绘制，效果如图5-42所示。

图 5-42

5.2.4 平滑工具

"平滑工具" 🖊 是 "铅笔工具" 的一个辅助工具，使用该工具可以对已有路径进行平滑处理。

（1）选中一段路径，如图5-43所示。

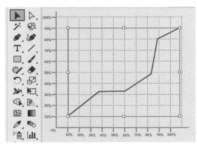

图 5-43

（2）选择工具箱中的 "平滑工具"，拖曳路径，如图5-44所示。

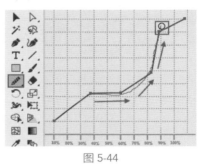

图 5-44

（3）释放鼠标左键后，原本的折线变为了曲线，如图5-45所示。

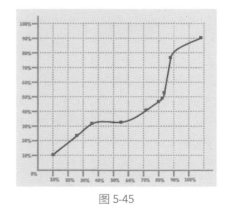

图 5-45

5.2.5 橡皮擦工具

"橡皮擦工具" ◆ 可以擦除图形上的部分区域。

（1）双击工具箱中的"橡皮擦工具"，弹出"橡皮擦工具选项"对话框，"大小"选项用于设置橡皮擦的大小，完成后单击"确定"按钮，如图5-46所示。

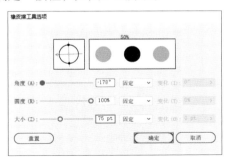

图 5-46

（2）将鼠标指针移动到图形上单击即可擦除此处的像素，如图5-47所示。

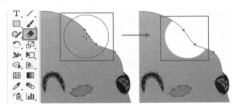

图 5-47

（3）继续进行擦除操作，效果如图5-48所示。

图 5-48

（4）如果没有选中对象，则鼠标指针经过位置的像素都会被擦除，如图5-49所示。

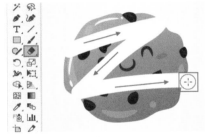

图 5-49

5.2.6 剪刀工具

"剪刀工具" ✄ 可用于切断路径。

（1）选中一段路径，选择工具箱中的"剪刀工具"，将鼠标指针移动到路径上单击即可看到一个锚点，如图5-50所示。

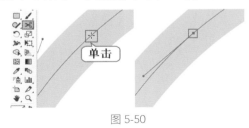

图 5-50

（2）选择"直接选择工具"，拖曳锚点可以发现当前路径已经断开，适当调整间隙距离，如图5-51所示。

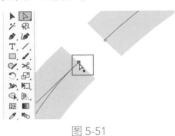

图 5-51

（3）选中路径后，选择"剪刀工具"在路径上单击，断开路径，如图5-52所示。

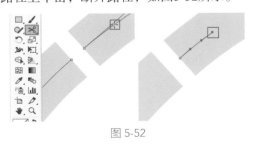

图 5-52

（4）使用"直接选择工具"调整路径，使3段路径直接产生一段距离，如图5-53所示。

图 5-53

（5）选中路径，设置"端点"为"圆头端点"，效果如图5-54所示。

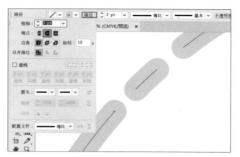

图 5-54

5.2.7 美工刀工具

使用"美工刀工具"  可以对图形进行分割，就像真实的美工刀在纸上划开一样，分割后的图形会变为两个独立的部分。

（1）选中图形，选择工具箱中的"美工刀工具"，在图形上拖曳鼠标，拖曳的路径为分割线，释放鼠标左键后移动图形位置可以看到图形被一分为二，如图5-55所示。

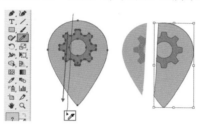

图 5-55

提示：

使用"美工刀工具"时，如果不选中某个对象，那么切分的将是分割路径上涉及的所有矢量图形。

（2）使用"美工刀工具"，按住Alt键可以以直线分割对象，如图5-56所示。

 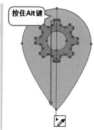 

按住Alt键

图 5-56

提示：

使用"美工刀工具"无法分割开放路径。

（3）更改图形颜色，制作出带有明暗分界线的标志效果，如图5-57所示。

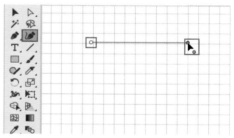

CAE SERVICE

图 5-57

5.2.8 曲率工具

"曲率工具" 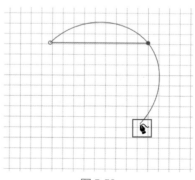 是一种用于创建平滑曲线的绘图工具。

（1）选择工具箱中的"曲率工具"，在画面中单击，然后移动到下一个位置单击，如图5-58所示。

图 5-58

（2）移动鼠标指针可以看到路径的预计走向，单击鼠标左键即可确定曲线路径，如图5-59所示。

图 5-59

（3）继续以单击的方式进行曲线的绘制，如图5-60所示。

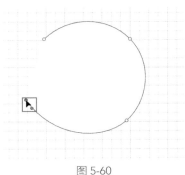

图 5-60

（4）将鼠标指针移动到起始锚点位置，待其变为 形状后单击即可得到闭合路径，如图5-61所示。

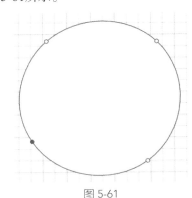

图 5-61

（5）在使用"曲率工具"绘制曲线的过程中，按住Alt键单击即可绘制尖角，如图5-62所示。

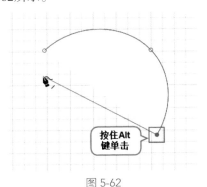

按住Alt
键单击

图 5-62

5.2.9 形状生成器

使用"形状生成器工具" 可以将多个图形相加、相减，或通过图形之间重叠的部分创造新的图形，常用于由简单的图形创建出复杂的形状。

（1）选中图形，选择工具箱中的"形状生成器工具"，此时鼠标指针为 形状，将鼠标指针移动到图形上，图形会显示为网点状，在图形上拖曳鼠标，如图5-63所示。

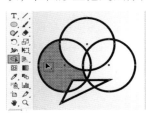

图 5-63

（2）释放鼠标左键后可以将多个形状合并成一个图形，如图5-64所示。

图 5-64

（3）经过美化，图标就制作完成了，如图5-65所示。

图 5-65

（4）使用"形状生成器工具"还可以擦除图形。将鼠标指针移动到画面中，按住Alt键，待其变为 形状时在所选图形上拖曳鼠标，释放鼠标左键后，鼠标指针经过位置的图形将被擦除，如图5-66所示。

图 5-66

（5）选中图形，直接在图形交叉所形成的区域单击，单击位置的图形将被分割成单独的图形，如图5-67所示。

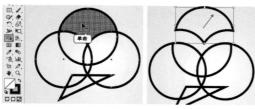

图 5-67

（6）使用该工具还可得到镂空区域的图形。例如，绘制4个正圆，使其紧贴在一起，然后在镂空位置单击，即可得到镂空处的图形，如图5-68所示。

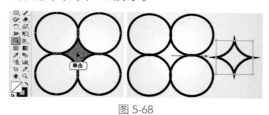

图 5-68

5.2.10 实操：使用"形状生成器工具"制作美妆行业标志

文件路径：资源包\案例文件\第5章\高级绘图\实操：使用形状生成器制作美妆行业标志

案例效果如图5-69所示。

图 5-69

1. 项目诉求

本案例为女性美妆品牌的标志设计项

目，要求设计一款能够体现女性美丽和自信等要素的标志。标志需要让消费者能迅速识别出该品牌，并将它与其他品牌区分开来。色彩需要与品牌定位相符，并且具有视觉吸引力。

2. 设计思路

标志采用了正负形进行解构，正形采用了两个渐变正圆叠加，负形采用了女性侧脸剪影对圆形进行切割。这一方面增强了标志的层次感，另一方面形成类似帽子的视觉效果，打造出优雅、雍容的女性形象，直观地表现出美妆行业的特点。文字则使用了线条平整、字型较为纤细的字体，与标志的整体风格相统一。

3. 配色方案

标志采用了粉色作为主色调，并使用了不同明暗的粉色渐变，使图形更显浪漫、温柔，突出女性气质。标志文字采用了深灰色和亮灰色两种不同明度的灰色，使文字主次分明，同时无彩色具有内敛、稳定的视觉效果，使整个标志更加鲜明、简洁、利落。标志的主要用色如图5-70所示。

图 5-70

4. 项目实战

（1）执行"文件>新建"命令，在弹出的"新建文档"对话框中单击"打印"按钮，选择"A4"纸张，设置"方向"为横向，然后单击"创建"按钮完成新建操作，如图5-71所示。

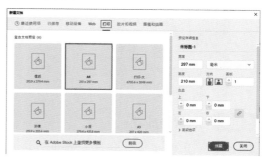

图 5-71

（2）选择工具箱中的"矩形工具"，执行"窗口>渐变"命令，在弹出的"渐变"面板中设置"渐变类型"为"径向"，然后编辑一个从白色到灰色的渐变颜色，如图5-72所示。

图 5-72

（3）从画板左上角向右下角拖曳鼠标，绘制一个与画板等大的矩形，如图5-73所示。

图 5-73

（4）单击控制栏中的"描边"按钮，然后在弹出的下拉面板中单击"无"，如图5-74所示。

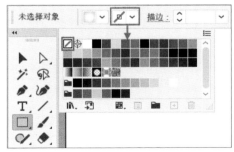

图 5-74

（5）选择工具箱中的"椭圆工具"，在画面中按住Shift键的同时拖曳鼠标绘制一个正圆。在控制栏中设置"填充"为无、"描边"为黑色，如图5-75所示。

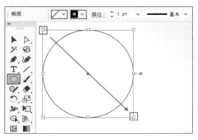

图 5-75

（6）继续使用"椭圆工具"绘制一个小的正圆，如图5-76所示。

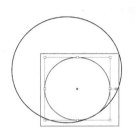

图 5-76

（7）执行"文件>打开"命令，打开本案例配套的素材1（1.ai）。选择工具箱中的"选择工具"，选中图形，按Ctrl+C组合键进行复制，如图5-77所示。

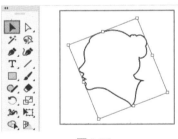

图 5-77

（8）返回操作文档，按Ctrl+V组合键将复制的图形粘贴到画面中，并移动至合适位置，如图5-78所示。

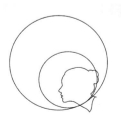

图 5-78

（9）选中正圆与素材1，选择工具箱中的"形状生成器工具"，在大的正圆上单击，图形的交叉区域会生成新图形，如图5-79所示。

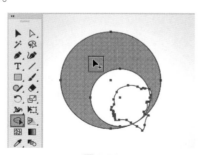

图 5-79

（10）在小正圆上单击，可以得到小正圆和人物面部轮廓之间的图形，如图5-80所示。

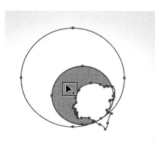

图 5-80

（11）按住Alt键，在人像脖子位置由外侧向图形内部拖曳鼠标，释放鼠标左键可以减去鼠标指针经过位置多余的路径，如图5-81所示。

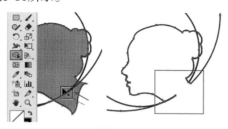

图 5-81

（12）继续按住Alt键拖曳鼠标减去多余的线段，效果如图5-82所示。

（13）使用工具箱中的"选择工具"选中大图形，单击工具箱中的"渐变工具"，在控制栏中设置"渐变类型"为任意形状渐变、"绘制"为"线"，在正圆上单击添加

色标并调整色标位置，如图5-83所示。

图 5-82

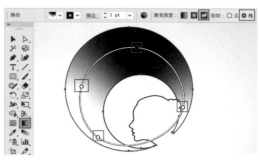

图 5-83

（14）选中色标，双击工具箱底部的"填色"按钮，在弹出的"拾色器"对话框中拖曳中间的滑块选择色相，并在左侧的色域中选择灰粉色，如图5-84所示。

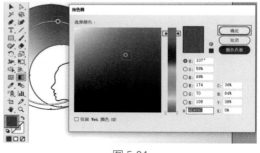

图 5-84

（15）使用同样的方法设置另外3个色标的颜色，如图5-85所示。

图 5-85

（16）继续使用同样的方法为小图形添加渐变效果，并在控制栏中设置"描边"为无，此时画面效果如图5-86所示。

图 5-86

（17）执行"文件>置入"命令，置入文字素材2（2.ai），然后单击控制栏中的"嵌入"按钮进行嵌入，如图5-87所示。

图 5-87

（18）本案例完成效果如图5-88所示。

图 5-88

5.2.11 混合工具

"混合工具"是一种创造性的绘图工具，可用于将两个或多个对象混合，从而创造出中间渐变的效果。"混合工具"不仅可以创造出形态上的混合效果，还可以创造出颜色上的混合效果。"混合工具"常用于创建连续的图形。

（1）选择工具箱中的"混合工具" 🔧，在一个图形上单击，然后在另一个图形上单击，即可创建混合，如图5-89所示。

图 5-89

（2）选中两个将要创建混合的对象，执行"对象>混合>建立"命令，或者按Atl+Ctrl+B组合键创建对象的混合，如图5-90所示。

图 5-90

（3）选中混合对象，双击工具箱中的"混合工具"或者执行"对象>混合>混合选项"命令，打开"混合选项"对话框，"间距"选项提供了3种混合方式，如图5-91所示。

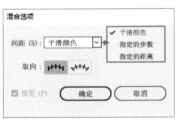

图 5-91

（4）设置"间距"为"平滑颜色"，软件会自动计算混合的步数，制作出从一种颜色过渡到另一种颜色的效果，如图5-92所示。

图 5-92

（5）设置"间距"为"指定的步数"，可以输入数值，控制混合开始与混合结束之间的步数。图5-93所示为不同步数的对比效果。

指定的步数：3　　　　　指定的步数：20

图 5-93

（6）设置"间距"为"指定的距离"，可以输入数值，控制混合对象之间的距离。图5-94所示为不同距离的对比效果。

指定的距离：150px　　　指定的距离：200px

图 5-94

（7）通过以上操作可以模拟出立体化的图形效果，如图5-95所示。

图 5-95

（8）在多个图形之间创建混合。例如，在两个图形之间创建混合后，在第三个对象上单击，即可在3个图形之间创建混合，如图5-96所示。

图 5-96

（9）对象混合的路径叫作"混合轴"，混合轴的形态可以更改。使用"直接选择工具"可以选择混合轴的锚点，拖曳锚点调整混合轴的走向，混合效果就会发生变化，如图5-97所示。

图 5-97

（10）混合轴可以替换。绘制一段路径，选中路径和混合对象，如图5-98所示。执行"对象>混合>替换混合轴"命令，混合轴将被替换为所选路径，此时混合效果也会发生变化，如图5-99所示。

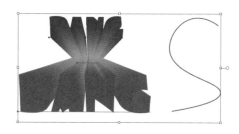

图 5-98

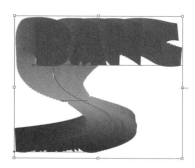

图 5-99

（11）选中混合对象，执行"对象>混合>扩展"命令，可以将混合对象扩展成一串连续的图形，如图5-100所示。

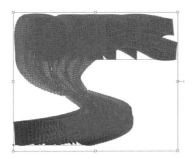

图 5-100

（12）取消编组后，可以选中单独的图形，如图5-101所示。

图 5-101

（13）选中混合对象，执行"对象>混合>释放"命令或者按Alt+Shift+Ctrl+B组合键，可以将混合对象恢复到原始状态。

5.2.12 路径查找器

"路径查找器"可以将多个路径组合在一起，创建出更复杂的形状。"路径查找器"包含了一系列的组合操作，如合并、减去、交叉、排除等，运用这些功能可以快速创建出所需形状。

（1）执行"窗口>路径查找器"命令，打开"路径查找器"面板，如图5-102所示。

图 5-102

（2）选中两个图形，单击"路径查找器"面板中的"联集"按钮■，此时两个图形合并成一个图形，如图5-103所示。

图 5-103

（3）选中两个图形，单击"减去顶层"按钮■，上层的图形会减去下层的图形，如图5-104所示。

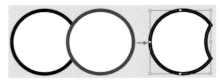

图 5-104

（4）选中两个图形，单击"交集"按钮■，会得到选中图形重叠的区域，如图5-105所示。

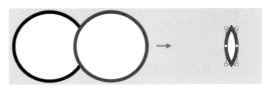

图 5-105

（5）选中两个图形，单击"差集"按钮■，重叠区域将被减去，未重叠区域将合并成一个图形，如图5-106所示。

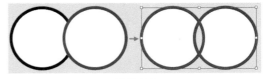

图 5-106

（6）选中两个图形，单击"分割"按钮■，可以将选中图形分割为构成部分的填充表面，取消编组后移动图形可查看效果，如图5-107所示。

图 5-107

（7）选中两个图形，单击"修边"按钮🔳，可以用上层图形对下层图形进行修剪，取消编组后移动图形可查看效果，如图5-108所示。

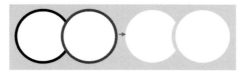

图 5-108

（8）选中两个图形，单击"合并"按钮🔳，如果两个图形颜色相同，则去除轮廓色，两个图形被合并；如果两个图形颜色不同，则删除重叠部分的下层，并去除轮廓色，如图5-109所示。

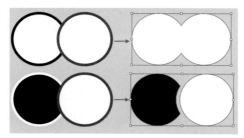

图 5-109

（9）选中两个图形，单击"裁剪"按钮🔳，可将图形分割为其构成部分的填充表面，然后删除图稿中所有落在最上层对象边界之外的部分，如图5-110所示。

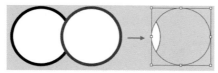

图 5-110

（10）选中两个图形，单击"轮廓"按钮🔳，可以保留图形的轮廓。取消编组后移动描边可查看效果，如图5-111所示。

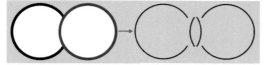

图 5-111

（11）选中两个图形，单击"减去后方对象"🔳按钮，可以从最前面的对象中减去后面的对象，如图5-112所示。

图 5-112

（12）运用"路径查找器"可以轻松制作不规则的图形。接下来制作按钮上的光泽感。首先绘制一个与按钮等大的圆角矩形，然后在其上绘制用来运算的图形，接着选中这两个图形，单击"减去顶层"🔳按钮，如图5-113所示。

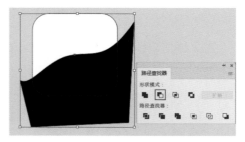

图 5-113

（13）运用"减去顶层"可以得到底部图形中未与上层图形重叠的部分，然后可以更改填充和不透明度，制作出按钮的光泽感，如图5-114所示。

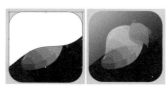

图 5-114

5.2.13 实操：运用"路径查找器"与"钢笔工具"制作家居类产品标志

文件路径：资源包\案例文件\第5章高级绘图\实操：运用路径查找器与钢笔工具制作家居类产品标志

案例效果如图5-115所示。

图 5-115

1. 项目诉求

本案例需要设计一款家居类产品的标志。设计需使用合适的色彩、文字和图形等元素来展现产品原料的天然健康，以及使用产品可以带来舒适体验的优点，从而给消费者留下高品质、天然健康的视觉印象。

2. 设计思路

根据该产品标志主打自然、舒适的特点，使用圆角矩形作为背景图形，利用其柔和、圆润的轮廓质感，符合消费者的情感认知，增强了标志的亲和力。

图形切割出小溪、草地等自然元素，营造出清爽、自然的氛围，使标志更加吸引人。文字字体较为随性自由，给消费者带来明快、轻松的视觉感受，易于获得消费者的好感。

3. 配色方案

为了表现出温馨、阳光的特点，标志采用了色相环中相邻的淡黄色和浅草绿色作为主要色彩进行搭配。同时，苹果绿和苔藓绿作为辅助色，让标志图形呈现出丰富的明暗变化，增强了层次感。在点缀色方面，使用了明度最高的白色，使标志更加醒目，更容易被消费者关注。标志的主要用色如图5-116所示。

图 5-116

4. 项目实战

（1）执行"文件>新建"命令，在弹出的"新建文档"对话框中单击"打印"按钮，选择A4尺寸，设置方向为"横向"，然后单击"创建"按钮，如图5-117所示。

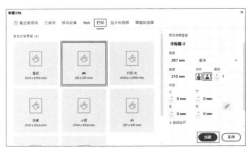

图 5-117

（2）选择工具箱中的"矩形工具"，双击工具箱底部的"填色"按钮，在弹出的"拾色器"对话框中拖曳中间的滑块选择色相，并在左侧的色域中选择草绿色，如图5-118所示。

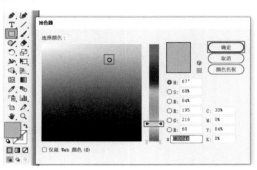

图 5-118

（3）单击控制栏中的"描边"按钮，然后在弹出的下拉面板中单击"无"，从画板左上角向右下角拖曳鼠标，绘制一个与画板等大的矩形，如图5-119所示。

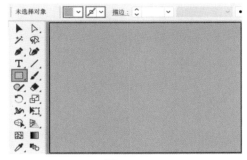

图 5-119

（4）选择工具箱中的"钢笔工具"，在控制栏中设置"填充"为白色、"描边"为黑色，在画面的合适位置绘制图形，如图5-120所示。

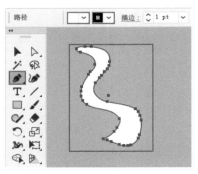

图 5-120

（5）继续使用"钢笔工具"绘制另一个图形，效果如图5-121所示。

图 5-121

（6）选择工具箱中的"圆角矩形工具"，在画面的合适位置绘制一个圆角图形，在控制栏中设置"填充"为无、"描边"为黑色、"圆角半径"为10mm，如图5-122所示。

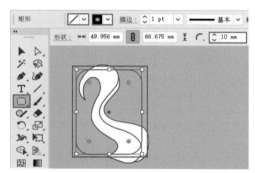

图 5-122

（7）使用工具箱中的"选择工具"，选中除背景外的所有图形，执行"窗口>路径查找器"命令，在弹出的"路径查找器"面板中单击"裁剪"按钮，如图5-123所示。

图 5-123

（8）为便于观察和操作，将生成的图形去除填色，设置"描边"为黑色，此时图形效果如图5-124所示。

（9）使用"选择工具"选中图形，单击鼠标右键，在弹出的快捷菜单中执行"取消编组"命令，如图5-125所示。

图 5-124

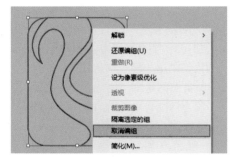

图 5-125

（10）使用"选择工具"选中其中一个图形，双击工具箱底部的"填色"按钮，在"拾色器"对话框中设置颜色为浅黄绿色，如图5-126所示。

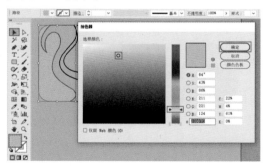

图 5-126

（11）继续使用同样的方法为其他图形填充颜色，并设置"描边"为无，效果如图5-127所示。

图 5-127

（12）选择工具箱中的"椭圆工具"，在控制栏中设置"填充"为白色、"描边"为无，在画面的合适位置绘制一个椭圆，如图5-128所示。

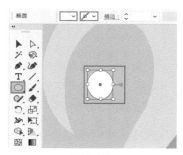

图 5-128

（13）选中椭圆图形，拖曳控制点，将其旋转至合适角度，如图5-129所示。

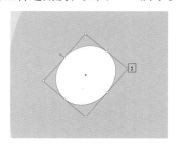

图 5-129

（14）选择工具箱中的"多边形工具"，在文档空白位置单击，在弹出的"多边形"对话框中设置"半径"为2mm、"边数"为3，完成后单击"确定"按钮，如图5-130所示。

图 5-130

（15）使用"选择工具"选中三角形，将其移动至合适位置，并拖曳控制点，将其旋转至合适角度，如图5-131所示。

（16）使用"选择工具"选中三角形，执行"对象>变换>镜像"命令，在弹出的"镜像"对话框中设置"角度"为320°，接着单击"复制"按钮，如图5-132所示。

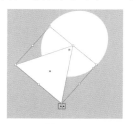

图 5-131

图 5-132

（17）将复制的三角形移动到椭圆右上角，如图5-133所示。

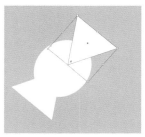

图 5-133

（18）使用"选择工具"选中椭圆和三角形，单击鼠标右键，在弹出的快捷菜单中执行"编组"命令，如图5-134所示。

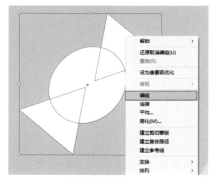

图 5-134

（19）使用"选择工具"选中图形组，在按住Alt键的同时将图形组向左下角拖曳，至合适位置时释放鼠标左键完成移动和复制，如图5-135所示。

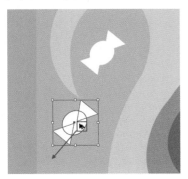

图 5-135

（20）选中图形组，将其旋转至合适角度，如图5-136所示。

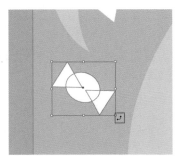

图 5-136

（21）继续使用同样的方法制作其他图形，效果如图5-137所示。

图 5-137

（22）将文字素材1（1.ai）打开，选中文字后按Ctrl+C组合键进行复制，回到操作文档中按Ctrl+V组合键进行粘贴，然后调整文字大小并更改为浅黄色。本案例完成效果如图5-138所示。

图 5-138

5.3 变形

除了直接绘制图形外，还可以通过对已有图形进行变形来绘制出其他形状的图形。展开工具箱中的"变形工具组"，该工具组包括8种工具，如图5-139所示。除了"宽度工具"只应用于矢量图形外，其他工具不仅可以对矢量图形进行变形，还可以对嵌入的位图进行变形。

图 5-139

5.3.1 宽度工具

使用"宽度工具" 可以更改图形描边的粗细，得到带有宽度变化的描边。

（1）选择工具箱中的"宽度工具"，拖曳路径，释放鼠标左键后可以观察到此处的描边变宽，如图5-140所示。

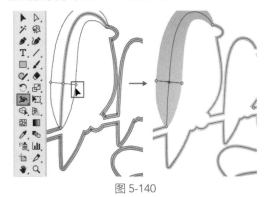

图 5-140

（2）如果要精确设置描边的宽度，则选择"宽度工具"，双击路径，在弹出的"宽度点数编辑"对话框中设置参数，如图5-141所示。

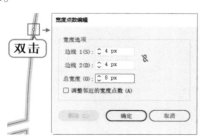

图 5-141

5.3.2 变形工具

使用"变形工具" <!-- icon --> 可以使对象产生变形效果。

（1）选择工具箱中的"变形工具"，拖曳图形，释放鼠标左键后可以看到变形效果，如图5-142所示。

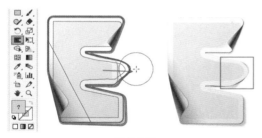

图 5-142

（2）双击工具箱中的"变形工具"，在弹出的"变形工具选项"对话框中可以对画笔的宽度、高度、角度、强度等属性进行设置，如图5-143所示。

图 5-143

提示：

"变形工具"也可以对位图进行变形，被变形的对象必须"嵌入"文档内。位图变形前后的对比效果如图5-144所示。除此之外，"旋转扭曲工具""缩拢工具""膨胀工具""扇贝工具""晶格化工具""皱褶工具"都可以对位图进行变形。

图 5-144

5.3.3 旋转扭曲工具

使用"旋转扭曲工具" <!-- icon --> 可以使对象产生旋转扭曲的变形效果。

选中图形，选择工具箱中的"旋转扭曲工具"，然后在图形上按住鼠标左键进行扭曲变形，释放鼠标左键后，旋转扭曲效果如图5-145所示。

图 5-145

5.3.4 缩拢工具

使用"缩拢工具" <!-- icon --> 可以使对象产生向内收缩的变形效果。

选中图形，选择"缩拢工具"，在图形上按住鼠标左键进行缩拢变形，释放鼠标左键后完成变形操作，效果如图5-146所示。

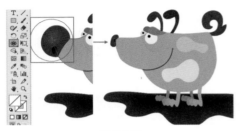

图 5-146

5.3.5 膨胀工具

使用"膨胀工具" 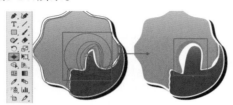 可以使对象产生向外膨胀的变形效果。

选中图形，选择工具箱中的"膨胀工具"，在图形上按住鼠标左键进行膨胀变形，释放鼠标左键后完成变形操作，效果如图5-147所示。

图 5-147

5.3.6 扇贝工具

使用"扇贝工具" ▣ 可以使对象产生棘突变形效果。

选中图形，选择工具箱中的"扇贝工具"，在图形上按住鼠标左键进行"扇贝"变形，释放鼠标左键后可以看到图形边缘发生了变化，效果如图5-148所示。

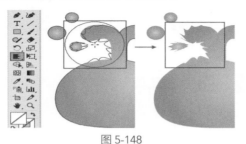

图 5-148

5.3.7 晶格化工具

使用"晶格化工具" ▣ 可以使对象产生由内向外推拉延伸的变形效果。

选中图形，选择工具箱中的"晶格化工

具"，在图形上按住鼠标左键，释放鼠标左键后可以看到图形边缘产生了锯齿状的变形，如图5-149所示。

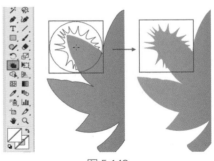

图 5-149

5.3.8 皱褶工具

使用"皱褶工具" ▣ 可以使对象边缘产生皱褶感的变形效果。

选中图形，选择工具箱中的"皱褶工具"，拖曳图形，图形边缘会发生皱褶变形，如图5-150所示。

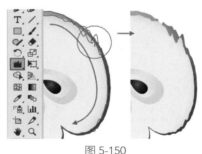

图 5-150

5.4 图表

图表工具组中包括9种图表工具，如图5-151所示。使用这些工具可创建出不同样式的图表，并且可以转换绘制好的图表。

图 5-151

Illustrator 2022 平面设计案例教程（全彩慕课版）

5.4.1 创建图表

创建图表的方法大致相同，这里以使用"柱形图工具"为例讲解图表的创建。

（1）选择工具箱中的"柱形图工具" 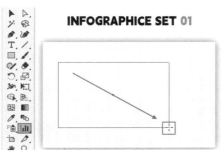，在画面中拖曳鼠标，拖曳的范围为图表的范围，如图5-152所示。

图 5-152

（2）释放鼠标左键后弹出图表数据窗口，并选中第一个单元格，可以按Backspace键将数值删除，如图5-153所示。

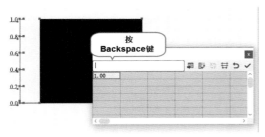

图 5-153

（3）选中左侧第二个单元格，在数值框内输入类别名称，如图5-154所示。

图 5-154

（4）在图表数据窗口中，左侧的单元格用于设置类别标签，最上方一行单元格用于设置数据组标签。依次输入数据，然后单击"应用"按钮 ✓，如图5-155所示。

（5）柱形图效果如图5-156所示。

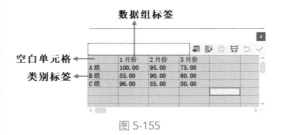

图 5-155

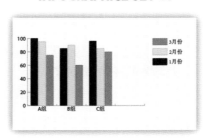

图 5-156

（6）如果要更改数据，则选中图表，在图表数据窗口中进行更改后单击"应用"按钮即可，如图5-157所示。

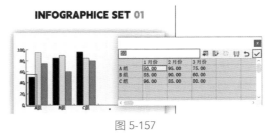

图 5-157

> **提示：**
> 选中图表，执行"对象>图表>数据"命令，可再次打开图表数据窗口，修改图表数据。

（7）如需更改图表的类型，则选中图表，执行"对象>图表>类型"命令，在打开的"图表类型"对话框中选择需要使用的图表类型，然后单击"确定"按钮，如图5-158所示。

（8）选择"饼图"，此时柱形图变为饼图，效果如图5-159所示。

（9）使用"直接选择工具"选中图表中的部分图形，随后可以对其填充、描边等属性进行更改，如图5-160所示。

图 5-158

INFOGRAPHICE SET 01

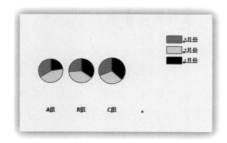

图 5-159

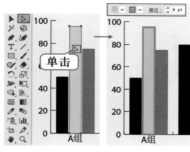

图 5-160

（10）如果要更改文字属性，则选中图表，选择工具箱中的"文字工具"，在控制栏中更改字体、字号等属性，如图5-161所示。

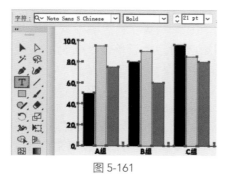

图 5-161

5.4.2 认识不同的图表

除"柱形图工具"外，图表工具组还包括另外8种图表工具，每种工具创建的图表均不同，用户可以根据实际情况选用。

（1）使用"堆积柱形图工具" ![icon] 绘制的堆积柱形图的效果与柱形图相似，它将各个柱形堆积起来，常用来表示部分和总体的关系，如图5-162所示。

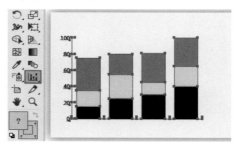

图 5-162

（2）条形图的效果与柱形图相似，但是其条形是水平放置的，属于横向构图。使用工具箱中的"条形图工具" ![icon] 可以创建条形图，如图5-163所示。

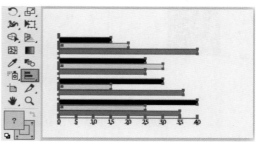

图 5-163

（3）堆积条形图的效果与堆积柱形图类似，但条形是水平堆积而不是垂直堆积。使用"堆积条形图工具" ![icon] 可以创建堆积条形图，如图5-164所示。

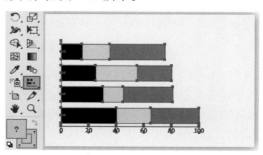

图 5-164

（4）使用"折线图工具" 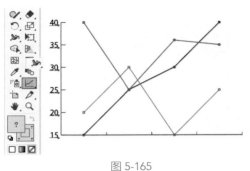 创建出的折线图可以由点定位数值，两个点之间由线段连接，能够直观表现变换趋势，如图5-165所示。

图 5-165

（5）使用"面积图工具" 创建的面积图与折线图类似，但是它强调数值的整体和变化情况，如图5-166所示。

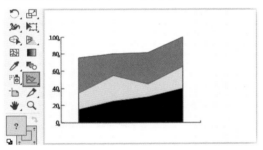

图 5-166

（6）使用"散点图工具" 创建出的散点图是沿*x*轴和*y*轴将数据点作为成对的坐标组进行绘制，常用来表现变化趋势，如图5-167所示。

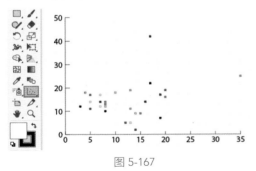

图 5-167

（7）使用"饼图工具" 创建出的饼图是将圆形划分为不同的扇形，通过扇形的面积来表达数值、比例，如图5-168所示。

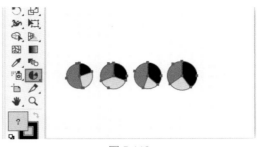

图 5-168

（8）使用"雷达图工具" 创建出的雷达图又被称为网状图、蜘蛛网图，也是一种圆形图，常用来表现多维数据，如图5-169所示。

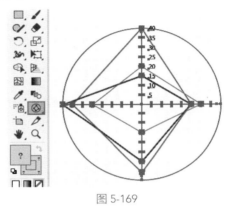

图 5-169

5.5 切片

网页切片就是将一个整体的网页设计图（如PSD文件）切割成多个独立的图像文件，以便在网页中进行拼接、布局和排版。切片可以将网页设计图中的各个元素（如菜单栏、按钮、文字、图片等）分离出来，以便进行后续的网页开发。

之所以要将制作好的整张网页设计图进行切分，是因为如果直接将整个设计图作为网页背景，那么网页的加载速度就会变得很慢，从而影响用户体验。因此，需要对制作好的网页设计图进行切片，分离出不同的元素，采用合适的方式进行布局和排版，从而提高网页的加载速度和用户体验。

（1）选择工具箱中的"切片工具" ，在想要创建的切片区域中拖曳鼠标，如图5-170所示。

图 5-170

（2）释放鼠标左键后完成切片的创建操作，该切片为用户切片。此时除用户切片外，其他区域会自动生成一些切片，这些自动生成的切片为自动切片，如图5-171所示。

图 5-171

（3）选择工具箱中的"切片选择工具" ，在切片上单击即可将其选中，将鼠标指针移动到切片边缘位置拖曳鼠标，可以调整切片大小，如图5-172所示。

图 5-172

（4）这里也可将已有切片平均分为多个切片。选择"切片选择工具"，在切片上单击将其选中，执行"对象>切片>划分切片"命令，在弹出的"划分切片"对话框中进行相应的设置，完成后单击"确定"按钮。此时选中的切片被分割为多个部分，如

图5-173所示。

图 5-173

（5）如需将多个切片组合为一个，则选择"切片选择工具"，按住Shift键依次单击选中要组合的切片，如图5-174所示。执行"对象>切片>组合切片"命令，所选的切片即组合为一个切片，如图5-175所示。

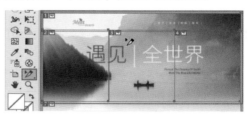

图 5-174

图 5-175

（6）切片创建完成后，执行"文件>导出>存储为Web所用格式（旧版）"命令，弹出"存储为Web所用格式"对话框，在该对话框中可以设置名称、格式、品质等选项，然后单击"存储"按钮，如图5-176所示。

图 5-176

（7）在弹出的"将优化结果存储为"对话框中找到存储的位置，单击打开"按钮"，如图5-177所示。

图 5-177

（8）选好存储位置后，单击"保存"按钮，最后可以在存储的位置找到导出的网页切片文件，如图5-178所示。

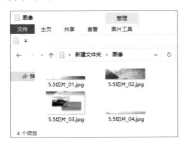

图 5-178

5.6 扩展练习：电商促销广告

文件路径：资源包\案例文件\第5章高级绘图\扩展练习：电商促销广告

案例效果如图5-179所示。

图 5-179

5.6.1 项目诉求

本案例需要制作在电商平台使用的春季新品促销活动广告。广告要求符合电商平台的视觉风格，以提高品牌识别度和广告效果，同时要注重广告的可视性和吸引力，创造有趣、独特、美观的视觉效果，让消费者愿意花费时间来了解产品和促销信息。

5.6.2 设计思路

该广告旨在展现春季新款产品的独特风格和个性特点，因此采用了自由变形的文字作为背景，生动有趣地展示了产品的新颖性和个性化，增强了广告的视觉效果和吸引力。人物模特位于中央，直观地展示了服装产品的外观和特点。同时，左侧的宣传文案采用矩形进行约束，突出宣传内容，引导观者关注，有效地实现了广告设计的目的。

5.6.3 配色方案

该广告以浅青色作为背景色，主色采用湖绿色。这两种色彩相互呼应，营造出休闲、简约的视觉效果，同时凸显出春季活动的时令特点。辅助色采用粉红色，点缀暖色调的黄色，给人以明媚、热情的感觉，形成强烈的视觉吸引力。广告的主要用色如图5-180所示。

图 5-180

5.6.4 项目实战

（1）执行"文件>新建"命令，在弹出的"新建文档"对话框中设置"宽度"为950像素、"高度"为400像素、"颜色模式"为RGB、"光栅效果"为屏幕（72ppi），然后单击"创建"按钮完成新建操作，如图5-181所示。

图 5-181

（2）选择工具箱中的"矩形工具"，设置"填充"为浅青色、"描边"为无，在画面中拖曳鼠标，绘制一个与画板等大的矩形，如图5-182所示。

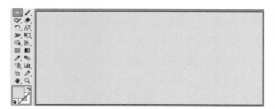

图 5-182

（3）打开作为参考图的素材1（1.ai），将其中的文字复制并粘贴到当前文档的空白处，如图5-183所示。

图 5-183

（4）选择工具箱中的"曲率工具"，在工具箱底部设置"填充"为湖绿色、"描边"为无，然后参考文字C的轮廓绘制图形，如图5-184所示。

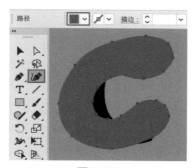

图 5-184

（5）继续使用同样的方法绘制其他文字图形，完成后移动到画面的合适位置，如图5-185所示。

图 5-185

（6）选择工具箱中的"钢笔工具"，设置"填充"为湖绿色、"描边"为无，然后在图形C的左上角绘制图形，如图5-186所示。

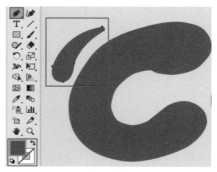

图 5-186

（7）继续使用"钢笔工具"在文字图形边缘绘制图形，效果如图5-187所示。

图 5-187

提示：

绘制装饰图案时，也可以在绘制路径后，使用"宽度工具"对描边宽度进行调整，如图5-188所示。

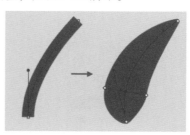

图 5-188

（8）执行"窗口>符号库>徽标元素"命令，在"徽标元素"面板中选择"热带"图形并将其拖曳到画面中，在控制栏中单击"断开链接"按钮，如图5-189所示。

Illustrator 2022 平面设计案例教程（全彩慕课版）

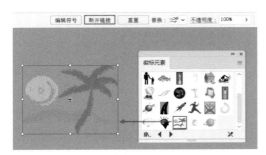

图 5-189

（9）选中"热带"图形，执行"对象>扩展外观"命令，接着打开"路径查找器"面板，单击"联集"按钮 ■，如图5-190所示。

图 5-190

（10）此时"热带"图形的效果如图5-191所示。

图 5-191

（11）选中"热带"图形，设置"填充"为湖绿色，如图5-192所示。

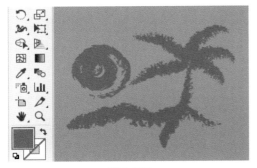

图 5-192

（12）继续使用同样的方法制作火箭、气球和蝴蝶结图形，如图5-193所示。

图 5-193

（13）将制作好的热带、火箭、气球和蝴蝶结图形移动至画面中的合适位置并适当缩小，如图5-194所示。

图 5-194

（14）执行"文件>置入"命令，置入素材2（2.png），然后单击控制栏中的"嵌入"按钮进行嵌入，如图5-195所示。

图 5-195

（15）继续执行"文件>置入"命令，置入素材3（3.ai），并摆放在人物左侧。本案例完成效果如图5-196所示。

图 5-196

5.7 课后习题

一、选择题

1. 使用哪个工具可以准确创建复杂的路径形状? （　　）
   A. 画笔工具
   B. 铅笔工具
   C. 平滑工具
   D. 钢笔工具
2. 在变形工具中, 可以使用哪个工具来扭曲和旋转路径? （　　）
   A. 缩拢工具
   B. 膨胀工具
   C. 扇贝工具
   D. 旋转扭曲工具
3. 使用哪个工具可以将图形切割成多个部分? （　　）
   A. 钢笔工具
   B. 形状生成器工具
   C. 切片工具
   D. 美工刀

二、填空题

1. 使用"钢笔工具"绘制路径时, 按住_____键可以将路径锁定到45度角。
2. 在路径变形中, 可以使用_____工具来改变路径的宽度。

三、判断题

1. "铅笔工具"可以用于创建自由形状的路径。 （　　）
2. "平滑工具"可以使路径变得更平滑和流畅。 （　　）
3. 使用"剪刀工具"可以将路径切割成两个独立的部分。（　　）

课后实战

● 绘制插画

使用"钢笔工具"创建一个复杂的路径形状, 如卡通形象或植物。使用其他绘图工具, 如"画笔工具""斑点画笔工具""形状生成器工具"来添加细节和装饰。最后对路径形状进行变形, 如扭曲、膨胀或缩小, 并调整不透明度和混合模式等属性, 制作一幅独特的插画作品。

第6章
文字与排版

本章将围绕文字和排版进行讲解。使用 Illustrator 提供的文字工具可以创建不同形式的文字，包括点文字、段落文字、路径文字和区域文字。在不同的应用场景中，可以选择适合的文字形式。除了介绍如何创建文字外，本章还会介绍如何在"字符"和"段落"面板中编辑文字。此外，对于版式的编排，除了使用文字、图形和图像等内容外，如何有序地排布这些内容也非常重要。所以，本章还将介绍如何使用辅助工具使版面更加规范。

本章要点

📁 知识要点

❖ 掌握添加与编辑文字的方法
❖ 熟练运用辅助工具进行规范化制图

6.1 认识文字工具

"文字工具"工具组中包含7个工具，最常用的是"文字工具" ▣ 和"直排文字工具" ▣，如图6-1所示。

图6-1

使用"文字工具"可以创建横向排列的文字（见图6-2），使用"直排文字工具"可以创建垂直排列的文字（见图6-3）。两种工具的使用方法相同，区别在于输入文字的排列方式不同。

图6-2

图6-3

"区域文字工具"和"直排区域文字工具"用于在特定区域内创建文字，如图6-4所示。

图6-4

"路径文字工具"与"直排路径文字工具"可创建沿不规则路径排列的文字，如图6-5所示。

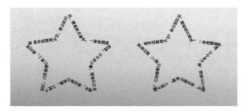

图6-5

创建文字时需要使用的常用参数可以在控制栏中看到，选择任一文字工具都可以看到字体、大小、对齐方式等参数，如图6-6所示。

图6-6

执行"窗口>文字>字符"命令，可以打开"字符"面板；执行"窗口>文字>段落"命令，可以打开"段落"面板。在这两个面板中可以对文字进行更多的参数设置，如图6-7所示。

图6-7

除此之外，在"属性"面板中也可以编辑文字。单击"属性"面板右下角的 •••• 按钮可以展开更多选项，如图6-8所示。

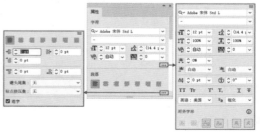

图6-8

6.2 创建文字

使用“文字工具”和“直排文字工具”可以创建点文字、段落文字。这两种类型文字的主要差别在于文字的排布形式不同，且适用的场合不同。

6.2.1 创建点文字

点文字是一种文字形式，比较适用于少量文字的展示。在输入点文字时，文字会一直向后排列，不会因为输入画面以外停止或换行，要换行需要按Enter键。

（1）选择工具箱中的“文字工具”，在画面中单击，会显示出占位符文本，如图6-9所示。

单击
滚滚长江东逝水

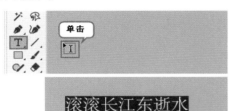

图 6-9

（2）此时的占位符文本处于选中状态，可以预览文字效果。在控制栏中单击“设置字体”下拉按钮，在下拉列表中选择合适的字体，接着设置字号，可以直接观察到设置的效果，如图6-10所示。

滚滚长江东逝水

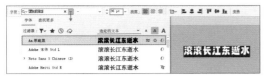

图 6-10

（3）删除自动出现的占位符，并输入新的文字内容，如图6-11所示。

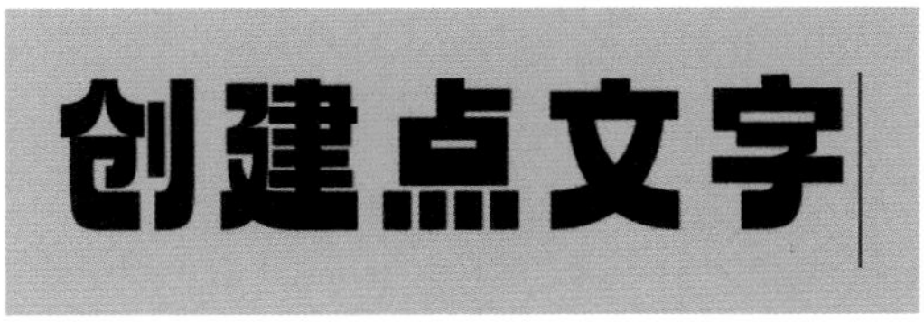
创建点文字

图 6-11

提示：

按Ctrl+K组合键打开“首选项”对话框，选择对话框左侧的“文字”选项，取消勾选“用占位符文本填充新文字对象”复选框（见图6-12），这样再次单击创建文字时就不会显示占位符。

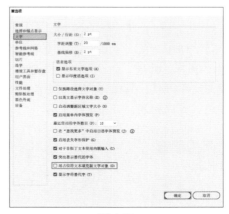

图 6-12

（4）采用先输入文字内容再编辑文字属性的方式也可以进行文字的创建与编辑。选择“文字工具”，在画面中单击，随后按Delete键删除占位符，接着输入文字内容，如图6-13所示。

Romantic

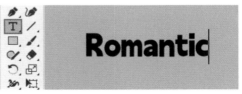

图 6-13

（5）想要换行时按Enter键，然后继续输入文字，如图6-14所示。

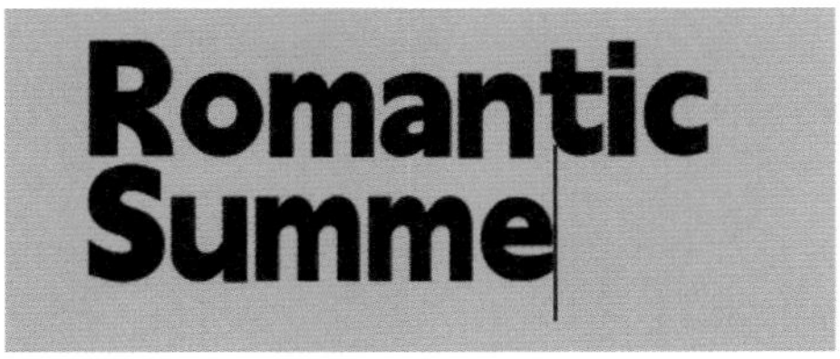
Romantic
Summe

图 6-14

（6）按Ctrl+Enter组合键结束文字的编辑操作。如果想修改已有文字的属性，则先选中文字，在控制栏中设置文字字体、字号、对齐方式，如图6-15所示。

图 6-15

（7）使用"选择工具"选中文字，在控制栏中单击"填充"按钮，在下拉面板中可以更改文字颜色，其操作方法与更改图形填充颜色的方法相同，如图6-16所示。

图 6-16

（8）如果要更改某个字符的颜色，则使用"文字工具"，拖曳鼠标选择需要更改颜色的文字，如图6-17所示。然后打开"拾色器"对话框编辑颜色，最后按Ctrl+Enter组合键结束文字的编辑操作，效果如图6-18所示。

图 6-17

图 6-18

（9）选择"文字工具"，在字母S左侧单击插入光标，然后按几下空格键将字母S向右移动，如图6-19所示。

图 6-19

（10）至此，一个简单的排版制作完成，效果如图6-20所示。

图 6-20

（11）"直排文字工具"的使用方法与"文字工具"相同。选择"直排文字工具"，在画面中单击后输入文字，如图6-21所示。

图 6-21

提示：

选中已有文字，执行"文字>文字方向"命令，可以更改文字的排列方向。

6.2.2 创建段落文字

段落文字常用于制作多行文字，可以用于长篇文章、海报、广告等设计作品中。段落文字具有自动换行、方便调整文字区域等优势。

（1）选择工具箱中的"文字工具"，在画面中拖曳鼠标，释放鼠标左键即完成文本框的绘制。这样后续输入的文字都只会出现在这个文本框中，如图6-22所示。

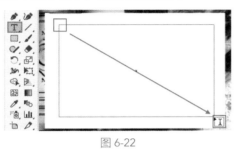

图 6-22

（2）将显示的占位符删除，然后可以在控制栏中设置合适的字体、字号，接着输入文字。文字输入文本框边缘处后，继续输入文字会自动换行，如图6-23所示。

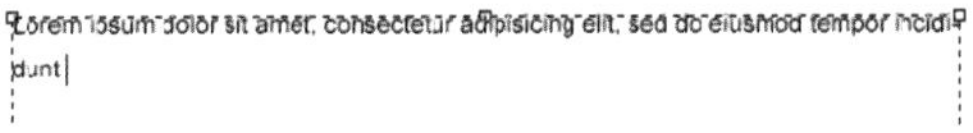

Lorem ipsum dolor sit amet, consectetur adipisicing elit, sed do eiusmod tempor incididunt

图 6-23

（3）继续在文本框内输入文字，最后按Ctrl+Enter组合键结束文字输入，如图6-24所示。

图 6-24

（4）将鼠标指针移动到文本框边缘处，拖曳鼠标可调整文本框大小，调整文本框大小后文字的排列会发生变化，如图6-25所示。

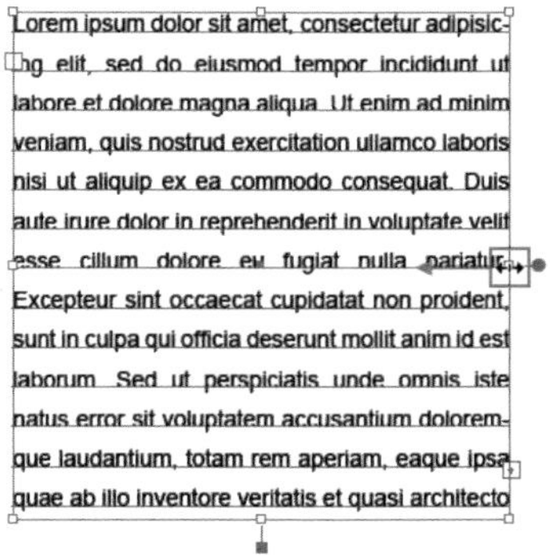

图 6-25

提示：

当文本框右下角显示为□时，表示此时文本框中有未显示的字符。要显示被隐藏的字符，可以将文本框放大或将字号调小。

6.2.3 创建区域文字

区域文字与段落文本相似，也可将文字限定在特定区域中，并方便地自动换行和调整区域大小。它们的差别在于"区域文字"可以在不规则的范围内添加文字，而这个范围只需要用矢量工具绘制出闭合路径即可。

（1）绘制区域文字限定的范围。使用"钢笔工具"绘制一个图形，如图6-26所示。

图 6-26

（2）选择工具箱中的"区域文字工具"，将鼠标指针移动至图形的边缘处，待其变为形状后单击，此时图形将转换为文本框，如图6-27所示。

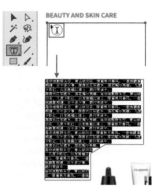

图 6-27

（3）删除占位符文本，在控制栏中设置合适的字体、字号，随后输入文字，此时文字出现在该区域范围内，如图6-28所示。

图 6-28

（4）使用"直排区域文字工具" 可以创建直排的区域文字。其使用方法与"区域文字工具"相同，如图6-29所示。

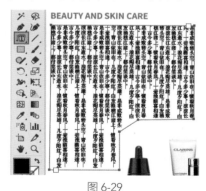

图 6-29

6.2.4 创建沿路径排列的文字

通常的文字会沿着直线排列，或水平或垂直。而路径文字可以沿着曲线、折线或任意线条排列。路径文字是在路径上添加文字的一种形式。文字会沿着路径排列，当改变路径形状时，文字的排列方式也会发生改变。

（1）绘制一段路径，如图6-30所示。

图 6-30

（2）选择工具箱中的"路径文字工具" ，将鼠标指针移动到路径上方，此时鼠标指针会变为形状，单击即可在路径上插入光标，并显示占位符文本，如图6-31所示。

图 6-31

（3）删除占位符文本，在控制栏中设置合适的字体、字号，接着输入文字，此时文字会沿着路径排列。文字输入完成后，按Ctrl+Enter组合键结束文字输入，如图6-32所示。

图 6-32

（4）改变路径形状时，文字的排列方式也会随之发生改变，如图6-33所示。

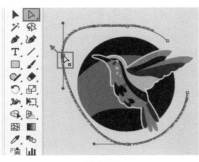

图 6-33

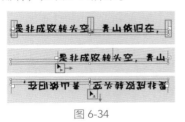
6.2.5 创建变形文字

　　变形文字其实是对已有文字进行的一种
变形操作。在"变形选项"对话框中可以选
择不同的变形样式，如贝壳形、鱼形、花冠
形等。

　　（1）选中文字，单击控制栏中的"制作
封套"按钮 ，如图6-35所示。

图 6-35

　　（2）此时弹出"变形选项"对话框，"样
式"选项用于选择变形文字的方式，单击
按钮可以在下拉列表中看到多个样式，通过
名称左侧的小图标可以预判变形效果，这里

选择"弧形"，"水平"和"垂直"选项用
于设置变形的方向，接着更改"弯曲"数
值，最后单击"确定"按钮，如图6-36所示。

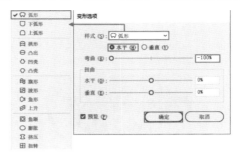

图 6-36

　　（3）此时文字效果如图6-37所示。

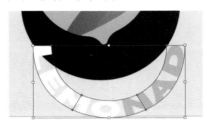

图 6-37

　　（4）将文字旋转并移动到画面中合适位
置，效果如图6-38所示。

图 6-38

　　（5）选中变形文字，在控制栏中可以更
改样式、弯曲等属性，如图6-39所示。

图 6-39

6.2.6 实操：创建文字制作专题封面

文件路径：资源包\案例文件\第6章 文字与排版\实操：创建文字制作专题封面

案例效果如图6-41所示。

图6-41

1. 项目诉求

本案例需要制作一款图文结合的专题封面，以图像为主，并在合适的位置添加文字信息。

2. 设计思路

为了让版面整洁美观，本案例采用了左文右图的布局方式。使用"文字工具"输入标题、作者和正文等内容，使版面规整、美观。为了增强画面效果，顶部和底部采用画笔绘制毛边，模拟撕纸效果，增强了视觉层次感和表现力。

3. 配色方案

封面中的图像包括大量红色调的水果，因此整体画面以红色为主色调。由于背景图是固定的，所以文字颜色需要根据背景图的色彩选择。图像采用大面积的鲜艳色彩，因

此需要使用高明度的色彩让文字内容清晰可见。标题和正文采用白色，作者名字则采用与草莓叶子相同的绿色，在形成呼应的同时装饰整个封面，是整个画面的亮点。封面的主要用色如图6-42所示。

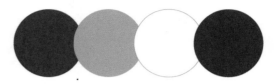

图6-42

4. 项目实战

（1）执行"文件>新建"命令，在弹出的"新建文档"对话框中设置"单位"为"像素"、"宽度"为1920px、"高度"为1080px、"方向"为横向，然后单击"创建"按钮完成新建操作，如图6-43所示。

图6-43

（2）执行"文件>置入"命令，置入素材1（1.jpg），然后单击控制栏中的"嵌入"按钮进行嵌入，如图6-44所示。

图6-44

（3）选择工具箱中的"矩形工具"，在画面左侧拖曳鼠标绘制一个矩形，如图6-45所示。

图 6-45

（4）使用"选择工具"选中矩形，执行"窗口>渐变"命令，在弹出的"渐变"面板中设置"渐变类型"为"线性"，然后编辑一个从粉色到透明的渐变颜色，如图6-46所示。

图 6-46

（5）此时画面效果如图6-47所示。

图 6-47

（6）单击工具箱中的"画笔工具"，在画面右下角的合适位置拖曳鼠标绘制一条路径。选中路径，单击控制栏中的"画笔定义"下拉按钮，然后在下拉面板中单击"炭笔-铅笔"。接着设置"填充"为无、"描边"为白色、"描边粗细"为80pt，效果如图6-48所示。

图 6-48

（7）继续使用同样的方法在画面的合适位置绘制路径，效果如图6-49所示。

图 6-49

（8）选择工具箱中的"文字工具"，在画面左侧单击，删除占位符，随后输入文字。输入完成后选中文字，在控制栏中设置合适的字体、字号与颜色，如图6-50所示。

图 6-50

（9）继续使用同样的方法在文字下方输入其他点文字，如图6-51所示。

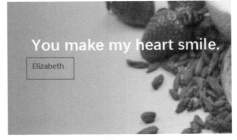

图 6-51

（10）继续使用"文字工具"，在点文字

下方拖曳鼠标绘制文本框，如图6-52所示。

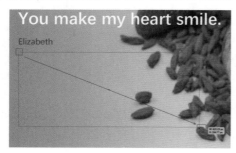

图 6-52

（11）释放鼠标左键，删除占位符，输入合适的文字，并在控制栏中设置合适的字体、字号和颜色，如图6-53所示。

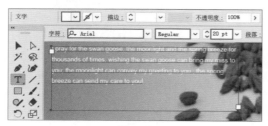

图 6-53

（12）本案例完成效果如图6-54所示。

图 6-54

6.3 编辑文字

6.3.1 在"字符"面板中更改文字属性

执行"窗口>文字>字符"命令，打开"字符"面板，如图6-55所示。在该面板中除了可以对字体、字号等属性进行调整外，还可以对字距、行距、缩放、样式等属性进行调整。

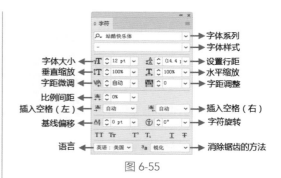

图 6-55

（1）选中文字，单击"全部大写字母"按钮 TT ，可以将小写字母转换为大写，如图6-56所示。

图 6-56

（2）"设置行距"选项 用于设置上一行文字与下一行文字之间的距离，效果如图6-57所示。

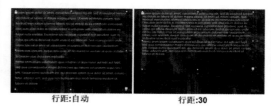

图 6-57

（3）"字距微调"选项 用于设置两个字符之间的距离。首先在两个字符之间插入光标，然后在"字符"面板中调整"字距微调"的数值，输入正值时字距扩大，输入负值时字距缩小，如图6-58所示。

图 6-58

（4）"字距调整"选项 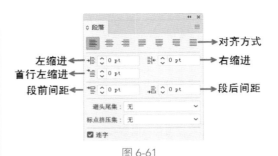 用于调整所选字符的间距。当数值为正时字符间距扩大，当数值为负时字符间距缩小，如图6-59所示。

字距调整：30

字距调整：-100

图 6-59

（5）将"垂直缩放" **IT** 和"水平缩放" **T** 分别设置为120%和60%，如图6-60所示。

图 6-60

6.3.2 在"段落"面板中设置格式

执行"窗口>文字>段落"命令，打开"段落"面板。在该面板中可以设置文本的对齐方式、缩进方式、避头尾法则等属性，如图6-61所示。

（1）选中段落文本，默认情况下对齐方式为"左对齐" 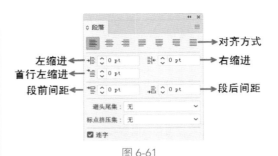，此时段落文本左对齐，段落右端参差不齐，如图6-62所示。

图 6-61

图 6-62

（2）单击"居中对齐"按钮 ，段落文本会居中对齐，段落两端参差不齐；单击"右对齐"按钮 ，段落文本会右对齐，段落左端参差不齐，如图6-63所示。

居中对齐文本

右对齐文本

图 6-63

（3）这些对齐方式中最常用的是"两端对齐，末行左对齐" ，单击该按钮可以看到文本最后一行左对齐，其他行左右两端强制对齐（段落文本、区域文字可用，点文字不可用），如图6-64所示。

（4）单击"两端对齐，末行居中对齐"按钮 ，可以将文本最后一行居中对齐，其他行左右两端强制对齐；单击"两端对齐，末行右对齐"按钮 ，可以将文本最后一行

右对齐，其他行左右两端强制对齐；单击"全部两端对齐"按钮，可以在字符间添加额外的间距，使文本左右两端强制对齐，如图6-65所示。

图 6-64

图 6-65

（5）"首行左缩进"用于设置段落文本中每个段落的第1行文字向右（横排文字）或第1列文字向下（直排文字）的缩进量，如图6-66所示。

图 6-66

（6）"段前间距" / "段后间距"可以在所选段落上方或下方段落添加间隔距离。首先在段落中插入光标，然后设置参数，如图6-67所示。（如果不插入光标，则会调整整个文本框中文本的段落间距。）

图 6-67

6.3.3 将文字转换为图形

将文字转换为图形后，文字属性会消失，不能继续调整字体、字号、对齐方式等属性，但可以像图形一样随意调整形状。

（1）选中文字，执行"文字>创建轮廓"命令，或者在文字上单击鼠标右键，执行"创建轮廓"命令，如图6-68所示。

图 6-68

（2）文字创建轮廓后将失去文字属性，此时可以选择"直接选择工具"，然后拖曳锚点对文字进行变形，如图6-69所示。

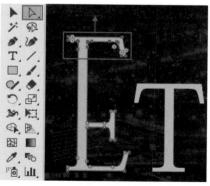

图 6-69

6.3.4 使用"修饰文字工具"

使用"修饰文字工具" 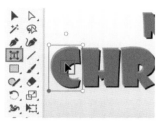 可以对单独字符进行移动、缩放与旋转。

（1）添加字符后，选择工具箱中的"修饰文字工具"，选中字符，此时会显示控制框与控制点，如图6-70所示。

图 6-70

（2）拖曳字符可移动字符的位置，如图6-71所示。

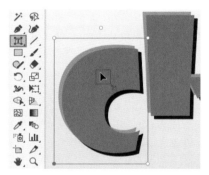

图 6-71

（3）拖曳右上角的控制点可以等比放大字符，如图6-72所示。

图 6-72

（4）上下拖曳左上角的控制点可以调整文字的高度，如图6-73所示。左右拖曳右下角的控制点可以调整文字的宽度，如图6-74所示。

图 6-73 图 6-74

（5）拖曳顶部的控制点可以旋转字符，如图6-75所示。

图 6-75

（6）使用"修饰文字工具"可以方便地制作艺术字，效果如图6-76所示。

图 6-76

6.3.5 创建文本串接

文本串接是将多个文本框链接到一起，当其中一个文本框文字过多而无法完整显示时（也称文字溢出），字符会自动出现在下一个文本框中。在进行书籍、杂志等文字较多的版式排版时，需要进行文本串接。这样可以方便地对文字布局、文字属性进行调整，从而提高工作效率。

（1）文本串接需要对段落文字进行操作。创建串接文本的方法有多种，其中一种是首先选中多个段落文本框，如图6-77所示。

图 6-77

（2）执行"文字>串接文本>创建"命令，此时独立的文本被串接在一起，如图6-78所示。

图 6-78

（3）另外一种创建串接文本的方法是选择"选择工具" ▶，在文本框右下角□处单击，如图6-79所示。此时鼠标指针变为 形状，接着在画面中拖曳鼠标，绘制另外一个文本框，如图6-80所示。

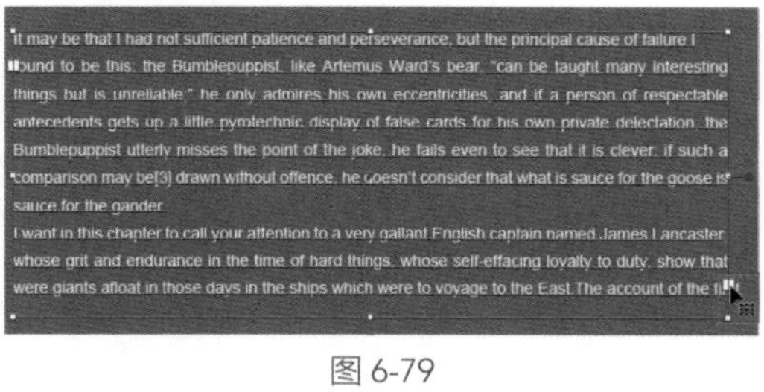

图 6-79

图 6-80

（4）在文本框内输入文字，第一个文本框内未完全显示的文本会出现在第二个文本框内，如图6-81所示。

图 6-81

提示：

当文本框内出现文本溢出的情况时，可以单击文本框右下角的田图标，然后绘制文本框，溢出的文本将出现在新的文本框内。

（5）将第一个文本框缩小，多余的文字也会出现在第二个文本框内，如图6-82所示。

图 6-82

（6）选中串接文本，执行"文字>串接文本>释放所选文字"命令，选中的文本框将释放串接文本，使文字集中到一个文本框内，如图6-83所示。

图 6-83

（7）选中串接文本，执行"文字>串接文本>移去串接文字"命令，文本框解除链接关系，成为独立的文本框，而且每个文本框中的文本位置不会发生变化，如图6-84所示。

图 6-84

6.3.6 制作文本绕排

文本绕排是文字环绕对象排列的一种效果，是避免对象遮挡文字的一种常用方法，也是图文混排的一种常用手法。

（1）输入一段段落文字，接着将用于环绕的主体物放置在文字上，如图6-85所示。

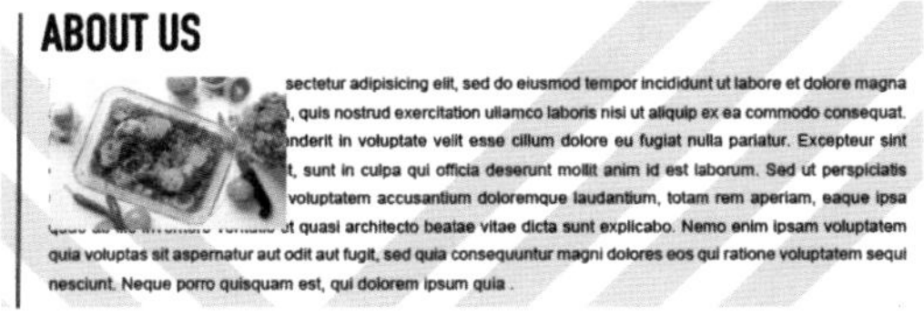

ABOUT US

图 6-85

（2）选中主体物（矢量图形、位图图像皆可），执行"对象>文本绕排>建立"命

令，此时被图片遮挡的文字位置发生变化，文本绕排效果如图6-86所示。

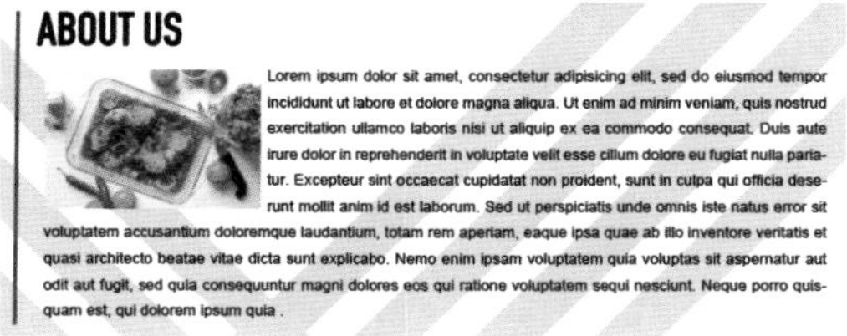

图 6-86

（3）移动绕排对象的位置，文本绕排效果也会发生变化，如图6-87所示。

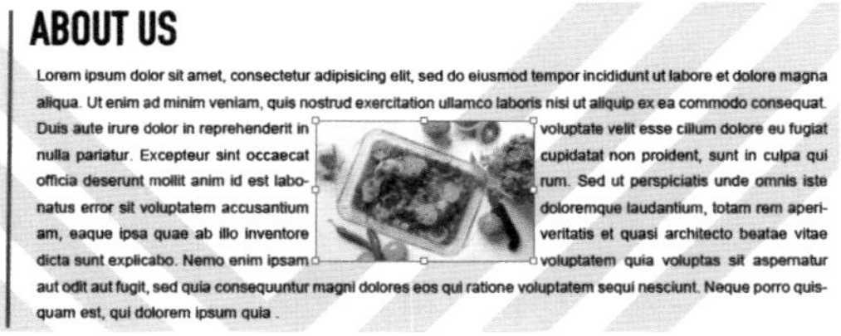

ABOUT US

图 6-87

（4）创建文本绕排后，选中绕排的对象，执行"对象>文本绕排>文本绕排选项"命令，在弹出的"文本绕排选项"对话框中可以设置"位移"数值，控制文字与图像之间的距离，如图6-88所示。效果如图6-89所示。

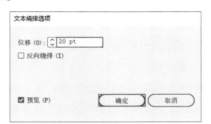

图 6-88

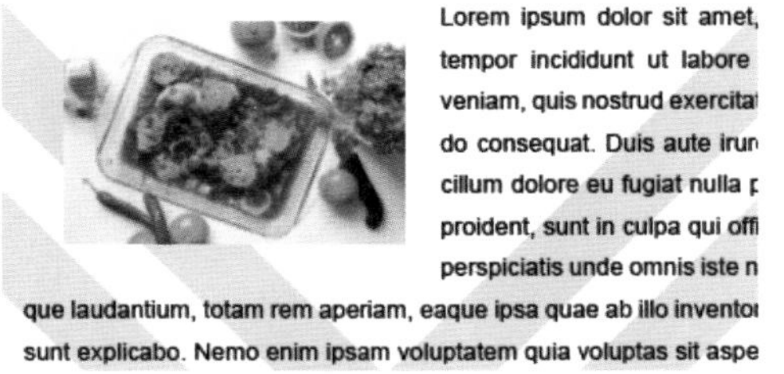

图 6-89

（5）选中图像，执行"对象>文本绕排>释放"命令，即可释放文本绕排。

文件路径：资源包\案例文件\第6章
文字与排版\实操：杂志页面排版

案例效果如图6-90所示。

图 6-90

1. 项目诉求

本案例为以野生动物为主要内容的专题杂志内页设计项目。其需要通过图文结合的方式呈现野生动物的相关信息，内容要具有足够的吸引力和趣味性。

2. 设计思路

为突出作为主要内容的野生动物，本项目需要选取高质量的野生动物图片，以丰富内页的视觉效果并吸引观者。其制作重点在于左侧的文字部分，包括标题、正文等，需要使用适当的排版技巧，如使用"段落"面板设置对齐方式和段间距，以提升版面的美感和可读性。同时，文字与图片的配合也需要考虑到版面的整体协调性。

3. 配色方案

整个页面以火烈鸟的图像为主，图像的色调倾向于偏灰的深橘红色，选择图像中较深的棕色作为装饰元素的颜色，与深橘红色搭配较为协调。文字部分则以白色作为背景，使黑色文字清晰可见，便于读者阅读。页面的主要用色如图6-91所示。

图 6-91

4. 项目实战

（1）执行"文件>新建"命令，创建一个A4大小的横向文档。选择工具箱中的"矩

形工具"，在控制栏中设置"填充"为白色、"描边"为无，然后拖曳鼠标绘制一个与画板等大的矩形，如图6-92所示。

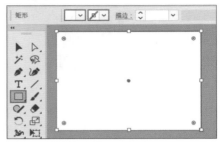

图 6-92

（2）执行"文件>置入"命令，置入素材1（1.jpg），然后单击控制栏中的"嵌入"按钮进行嵌入，如图6-93所示。

图 6-93

（3）选择工具箱中的"矩形工具"，双击工具箱底部的"填色"按钮，在弹出的"拾色器"对话框中设置"填充"为棕色、"描边"为无，绘制一个与素材1等大的矩形，如图6-94所示。

图 6-94

（4）选中棕色矩形，在控制栏中设置"不透明度"为26%，效果如图6-95所示。

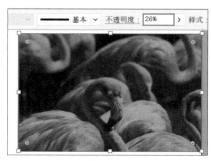

图 6-95

（5）继续使用"矩形工具"在画面左上角绘制一个矩形，设置"填充"为棕色、"描边"为无，如图6-96所示。

图 6-96

（6）使用同样的方法在画面其他位置绘制矩形，效果如图6-97所示。

图 6-97

（7）选择工具箱中的"文字工具"，在白色矩形顶部单击，按Delete键删除占位符，接着输入文字，如图6-98所示。

图 6-98

（8）使用工具箱中的"选择工具"选中

文字，执行"窗口>文字>字符"命令，在"字符"面板中设置合适的"字体系列"，设置"字体大小"为25pt、"行距"为25pt，单击"全部大写字母" **TT**，如图6-99所示。

图 6-99

（9）此时文本效果如图6-100所示。

图 6-100

（10）继续使用"文字工具"，在点文字下方拖曳鼠标绘制文本框，释放鼠标左键，删除占位符，输入合适的文字，如图6-101所示。

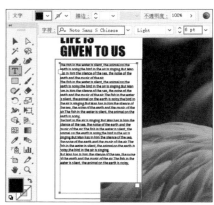

图 6-101

（11）使用工具箱中的"选择工具"选中文字，执行"窗口>文字>段落"命令，在"段落"面板中设置"对齐方式"为两端对齐、末行左对齐，设置"段前间距"为8pt，如图6-102所示。

图 6-102

（12）本案例完成效果如图6-103所示。

图 6-103

6.4 运用辅助工具

在排版过程中，整齐排布的元素是非常重要的。为了满足排版要求，Illustrator中的辅助工具非常实用。例如，版面中的元素需要对齐，或需要在特定的区域内放置元素时，标尺、参考线、网格等辅助工具可以帮助用户选择、定位和编辑图像。

参考线、网格等辅助工具都是虚拟对象，不会影响画面效果，也不会打印输出。

6.4.1 使用标尺与参考线

标尺与参考线是一对需要协同使用的功能，它们能够帮助用户更为精准地进行对齐操作。

（1）执行"视图>标尺>显示标尺"命令或者按Ctrl+R组合键，文档窗口顶部和左侧会出现标尺，如图6-104所示。

图 6-104

（2）将鼠标指针放置在左侧的垂直标尺上，然后向右拖曳鼠标，可拖出垂直参考线，如图6-105所示。

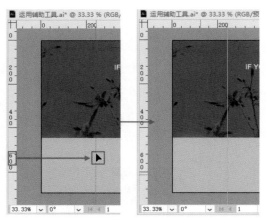

图 6-105

（3）将鼠标指针放置在水平标尺上，然后向下拖曳鼠标，可拖出水平参考线，如图6-106所示。

图 6-106

（4）如果要移动参考线，则选择工具箱中的"选择工具" ▶，然后将鼠标指针放置在参考线上单击，当鼠标指针变为 ▶ 形状后，拖曳鼠标即可移动参考线，如图6-107所示。

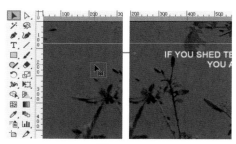

图 6-107

（5）继续创建其他参考线，然后根据参考线位置调整文字位置进行排版，如图6-108所示。

图 6-108

（6）标尺原点位于画板左上角的标尺交叉处，将鼠标指针放置在原点上，然后拖曳鼠标，画面中会显示出十字线，释放鼠标左键后释放处便成为零刻度线的新位置，如图6-109所示。

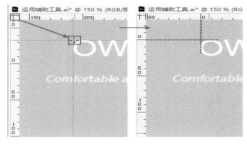

图 6-109

（7）要想使标尺原点恢复到默认状态，在左上角两条标尺交界处双击即可，如图6-110所示。

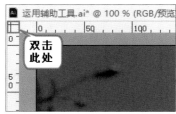

图 6-110

提示：

在标尺上单击鼠标右键，在弹出的快捷菜单中选择相应的单位，可设置标尺的单位，如图6-111所示。

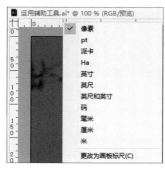

图 6-111

（8）选择工具箱中的"选择工具"，在参考线上单击可将其选中，然后按Delete键可将其删除。如果需要删除画布中的所有参考线，则执行"视图>参考线>清除参考线"命令。

（9）选中参考线，单击鼠标右键，执行"锁定参考线"命令，如图6-112所示。注意，参考线锁定后将无法被选中。在锁定的参考线上单击鼠标右键，执行"解锁参考线"命令可将参考线解锁，如图6-113所示。

图 6-112

图 6-113

（10）执行"视图>参考线>隐藏参考线"命令，可以将参考线暂时隐藏。执行"视图>参考线>显示参考线"命令，可以将参考线重新显示出来。

6.4.2 使用网格规范版面

在制作标志或进行网格排版时，可以启用"网格"功能帮助用户更精准地控制对象的位置。

执行"视图>显示网格"命令或者按"Ctrl+"组合键在画面中显示出网格，如图6-114所示。

图 6-114

提示：

按Ctrl+K组合键，在打开的"首选项"对话框中单击左侧的"参考线和网格"选项，在右侧取消勾选"网格置后"复选框，然后单击"确定"按钮，如图6-115所示。

图 6-115

此时网格会在画面前方显示，如图6-116所示。

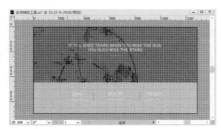

图 6-116

6.5 扩展练习：艺术展宣传海报

文件路径：资源包\案例文件\第6章
文字与排版\扩展练习：艺术展宣传海报

案例效果如图6-117所示。

图 6-117

6.5.1 项目诉求

本案例需要为一个先锋艺术展活动设计宣传海报，旨在表现时尚、独特的艺术风格。该海报需要在用色、图形等方面凸显先锋艺术思想新潮前卫的特点，以吸引年轻人关注和参与。

6.5.2 设计思路

为了体现时尚、年轻、前卫和个性化的艺术风格，艺术展宣传海报采用了渐变圆形和三角形的组合，呈现出向内延伸的结构，给人以穿梭于隧道之中的视觉感受，同时也隐喻主题中"过去"与"未来"的概念。

6.5.3 配色方案

海报使用了多种渐变混合，搭配了白色、爱丽丝蓝、天蓝、蓝色等同类色，形成了以蓝色为主色调的视觉效果，营造出科幻、穿梭未来的感觉。同时，草莓红与蓝色形成强烈的对比，带来极强的视觉冲击力，给观者留下深刻印象。海报的主要用色如图6-118所示。

图 6-118

6.5.4 项目实战

（1）执行"文件>新建"命令，在弹出的"新建文档"对话框中单击"打印"按钮，然后选择A4尺寸，设置方向为"横

向"，接着单击"创建"按钮，如图6-119
所示。

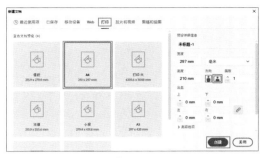

图 6-119

（2）选择工具箱中的"矩形工具"，绘
制一个与画板等大的矩形。选中矩形，执行
"窗口>渐变"命令，在弹出的"渐变"面
板中设置"渐变类型"为"线性"、"角度"
为90°，然后编辑一个蓝色系的渐变颜色，
如图6-120所示。

图 6-120

（3）此时画面效果如图6-121所示。

图 6-121

（4）选择工具箱中的"椭圆工具"，在
画面中按住Shift键的同时拖曳鼠标绘制一个
正圆。选中正圆，在"渐变"面板中设置
"渐变类型"为"线性"、"角度"为90°，
然后编辑一个从透明到白色的渐变颜色，如
图6-122所示。

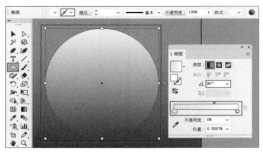

图 6-122

（5）选择工具箱中的"选择工具"，选
中渐变正圆，按Ctrl+C组合键进行复制，按
Ctrl+F组合键将其粘贴到前面。选中复制的
渐变正圆，在按住Shift+Alt组合键的同时拖
曳控制点，将渐变正圆等比例中心缩小，如
图6-123所示。

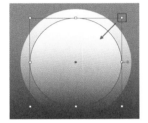

图 6-123

（6）选中缩小的渐变正圆，在"渐变"
面板中设置"渐变类型"为"径向"、"角度"
为0°，如图6-124所示。

图 6-124

（7）此时画面效果如图6-125所示。

图 6-125

（8）选择工具箱中的"椭圆工具"，设置"填充"为紫色、"描边"为无，然后在画面中按住Shift键的同时拖曳鼠标绘制一个正圆，如图6-126所示。

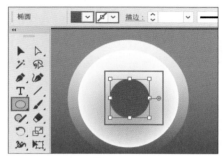

图 6-126

（9）继续使用同样的方法绘制一个白色正圆，如图6-127所示。

图 6-127

（10）使用"选择工具"选中4个正圆，单击控制栏中的"水平居中对齐"按钮▦和"垂直居中对齐"按钮▦，制作出同心圆效果，如图6-128所示。

图 6-128

（11）选择工具箱中的"钢笔工具"，在画面底部绘制一个多边形，然后设置"填充"为灰蓝色、"描边"为无，如图6-129所示。

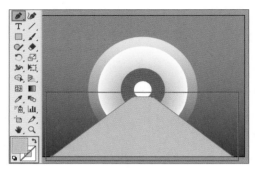

图 6-129

（12）选择工具箱中的"矩形工具"，设置"填充"为红色、"描边"为无，在画面中的合适位置拖曳鼠标绘制一个偏粉一些的红色矩形，如图6-130所示。

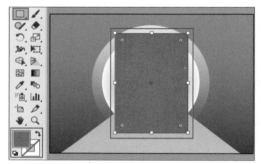

图 6-130

（13）选中矩形，执行"效果>风格化>投影"命令，在弹出的"投影"对话框中设置"模式"为"正片叠底"、"不透明度"为55%、"X 位移"为-16mm、"Y 位移"为13mm、"模糊"为15mm、"颜色"为深蓝色，完成后单击"确定"按钮，如图6-131所示。

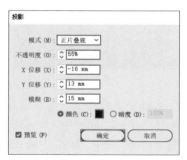

图 6-131

（14）此时矩形后方被添加了投影，效果如图6-132所示。

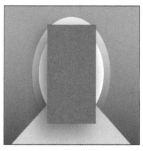

图 6-132

（15）选择工具箱中的"椭圆工具"，在红色矩形上方按住Shift键的同时拖曳鼠标绘制一个正圆。选中正圆，在控制栏中设置"填充"为白色、"描边"为无，如图6-133所示。

图 6-133

（16）继续使用"椭圆工具"绘制其他正圆并填充合适的颜色，选中矩形前方的所有正圆，对其进行"水平居中对齐"和"垂直居中对齐"操作，效果如图6-134所示。

图 6-134

（17）再次使用"钢笔工具"绘制多边形，然后填充由黑色到白色的渐变，如图6-135所示。

（18）选中多边形，执行多次"对象>排列>后移一层"命令，将该图形移动到浅蓝色正圆后方，如图6-136所示。

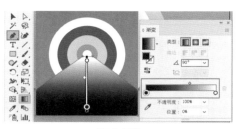

图 6-135

图 6-136

（19）选中多边形，单击控制栏中的"不透明度"按钮，在下拉面板中设置"混合模式"为"正片叠底"、"不透明度"为30%，如图6-137所示。

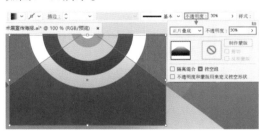

图 6-137

（20）选中多边形，执行"效果>纹理>颗粒"命令，在弹出的"颗粒"对话框中设置"强度"为27、"对比度"为41，完成后单击"确定"按钮，如图6-138所示。

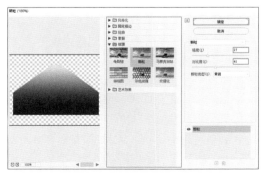

图 6-138

（21）此时多边形效果如图6-139所示。

图6-139

（22）选择工具箱中的"矩形工具"，在红色矩形左上角拖曳鼠标绘制一个矩形。选中矩形，在控制栏中设置"填充"为白色、"描边"为无，如图6-140所示。

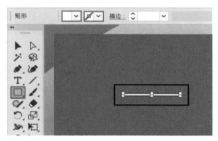

图6-140

（23）选择工具箱中的"文字工具"，在白色矩形下方单击插入光标，按Delete键删除占位符，接着输入文字，按Enter键换行，如图6-141所示。

图6-141

（24）使用"选择工具"选中文字，在控制栏中设置"填充"为白色，并设置合适的字体、字号，如图6-142所示。

（25）选择工具箱中的"椭圆工具"，在文字上方按住Shift键的同时拖曳鼠标绘制一个正圆。选中正圆，设置"填充"为无、"描边"为天蓝色、"描边粗细"为6pt，如图6-143所示。

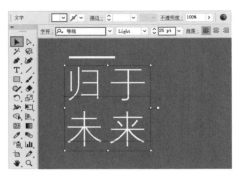

图6-142

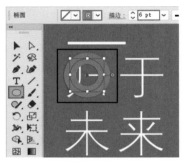

图6-143

（26）继续使用"椭圆工具"绘制一个正圆，设置"填充"为天蓝色、"描边"为"无"，如图6-144所示。

图6-144

（27）使用"选择工具"选中两个正圆，执行"对象>排列>后移一层"命令，将圆形移动到文字后面，此时画面效果如图6-145所示。

图6-145

（28）继续使用"文字工具"，在文字左侧和下方输入其他文字，如图6-146所示。

图 6-146

（29）选择工具箱中的"钢笔工具"，在红色矩形右上角以单击的方式绘制一个多边形，然后在控制栏中设置"填充"为白色、描边为"无"，如图6-147所示。

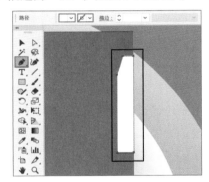

图 6-147

（30）使用"文字工具"在画面中单击后输入文字，在控制栏中设置合适的字体、字号与颜色，单击"变换"按钮，设置"旋转"为90°，将文字移动到白色多边形上方，如图6-148所示。

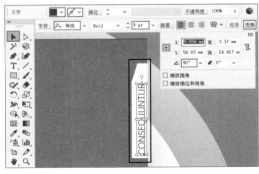

图 6-148

（31）使用"文字工具"在矩形底部输入文字，并在控制栏中设置合适的字体、字号与颜色，然后设置"段落"对齐方式为居中对齐，如图6-149所示。

图 6-149

（32）继续使用"文字工具"在画面白色正圆上单击后输入感叹号，并在控制栏中设置合适的字体与字号，如图6-150所示。

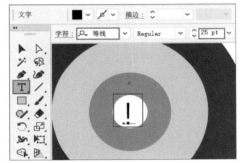

图 6-150

（33）选中感叹号和白色正圆，在按住Alt键的同时向下拖曳鼠标，将其移动并复制。接着拖曳控制点将感叹号和白色正圆放大并调整感叹号的颜色，如图6-151所示。

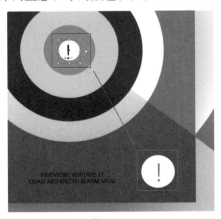

图 6-151

（34）本案例完成效果如图6-152所示。

图 6-152

6.6 课后习题

一、选择题

1. 使用哪个工具可以在路径上创建文本？（　　）

   A. 画笔工具

   B. 区域文本工具

   C. 路径文字工具

   D. 直线工具

2. 如何将文本转换为矢量图形？（　　）

   A. 执行"文字>转换为区域文字"命令

   B. 执行"对象>栅格化"命令

   C. 执行"文字>创建轮廓"命令

   D. 执行"对象>锁定"命令

二、填空题

1. _____功能可以使原本被图片或图形遮挡的段落文字转换为文字围绕在图片或图形周围。

2. 在_____面板中可以更改文本的对齐方式和缩进数量。

三、判断题

1. 在"字符"面板中可以更改文本的字体、字号和颜色等属性。（　　）

2. 在"段落"面板中可以设置文本的段前间距和首行缩进等属性。（　　）

课后实战

● 杂志排版

运用本章及之前章节所学知识，使用Illustrator进行杂志内页的排版。内容主题不限，可以是任何你感兴趣的内容，如音乐、体育、科技、旅行等。版面要有明确的主题和目标受众，同时要包含标题文字及大段文字。

第**7**章

效果的运用

本章要点

Illustrator 的"效果"菜单中提供了一系列图形处理和特效功能，用于改变或增强所选对象的外观。同时 Illustrator 中的效果是实时并且可逆的，可以通过"外观"面板随时修改或移除所应用的效果，而不会影响到原始对象的结构。本章将介绍各种效果的使用方法。

★ 知识要点

❖ 掌握各种效果的添加方法

❖ 了解各种效果的特点

❖ 掌握效果画廊的使用方法

7.1 什么是效果

效果是一组图形处理和特效工具，用于在对象上应用各种视觉效果，以改变或增强所选对象的外观。Illustrator的"效果"菜单中有Illustrator效果和Photoshop效果，如图7-1所示。

Illustrator效果主要用于矢量对象，但是部分效果也可应用于位图；Photoshop效果既可以应用于位图对象的编辑处理，也可以应用于矢量对象。

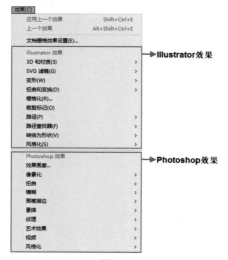

图 7-1

为图形添加的效果依附于对象之上，可以随时通过"外观"面板进行编辑，还可以删除已添加的效果，而不会影响到图形本身。

（1）选中图形对象，以该对象为例学习如何使用效果，如图7-2所示。

图 7-2

（2）执行"效果>风格化>羽化"命令，在打开的"羽化"对话框中设置合适的"半径"，勾选"预览"复选框可以查看预览效果，设置好后单击"确定"按钮，如图7-3所示。

（3）如果要为其他图形添加相同的效果，那么需要执行"效果"菜单最顶部的"效果>应用[效果名称]"命令。例如，刚刚执行了"羽化"命令，那么此处就需要执行"效果>应用'羽化'"命令，效果如图7-4所示。

图 7-3

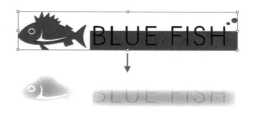

图 7-4

（4）如需更改已添加的效果，则可先将对象选中，接着执行"窗口>外观"命令，打开"外观"面板。单击效果的名称，然后在弹出的对话框中更改参数，最后单击"确定"按钮即可，如图7-5所示。

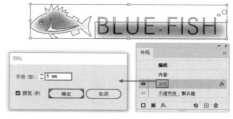

图 7-5

（5）单击"外观"面板中效果左边的 👁 按钮可将效果隐藏，再次单击该位置可将效果显示出来，如图7-6所示。

图 7-6

（6）在"外观"面板中选择效果，单击面板底部的"删除所选项目"按钮🗑可将该效果删除，如图7-7所示。

图 7-7

（7）在"外观"面板中还可以添加其他效果，制作多种叠加的效果。选中添加效果的对象，单击"外观"面板底部的"添加新效果"按钮 *fx.*，在"效果"菜单中选择效果，如图7-8所示。

图 7-8

7.2 认识 Illustrator 效果

通过Illustrator效果可以制作立体图形、进行图形变形和添加投影、发光等效果。Illustrator中的效果较多，下面介绍部分常用的效果。

7.2.1 制作 3D 效果

"3D"效果组中的效果可以使平面的对象产生三维效果，并且可以通过对材质、光照进行调整来增加三维图形的真实感。

1. 添加 3D 效果

（1）使用"凸出和斜角"效果可以使对象产生厚度，从而转化为三维图形。例如，为一个矩形添加"凸出和斜角"效果，会使它成为一个长方体。选中一个图形，如图7-9所示。

图 7-9

（2）执行"效果>3D和材质>凸出和斜角"命令，打开"3D和材质"面板，其中"深度"选项用于设置对象的厚度；在X轴、Y轴和Z轴数值框内输入数值，可以调整对象在3个轴向的旋转角度，如图7-10所示。

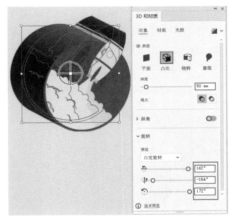

图 7-10

（3）将鼠标指针移动至图形中间位置，拖曳鼠标可以任意旋转图形，如图7-11所示。

图 7-11

（4）"绕转"效果可使路径或图形沿垂直方向做圆周运动，使2D图形产生3D效果。选中图形，执行"效果>3D和材质>绕转"命令或者在"3D和材质"面板中单击"绕转"按钮，"旋转角度"用于设置对象围绕Y轴旋转的角度。图7-12所示为360°的效果。

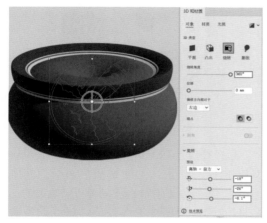

图 7-12

（5）"膨胀"效果可以向路径增加凸起厚度来创建3D立体效果。选中图形，执行"效果>3D和材质>膨胀"命令或者在"3D和材质"面板中单击"膨胀"按钮，"深度"选项用于设置凸起的厚度，如图7-13所示。

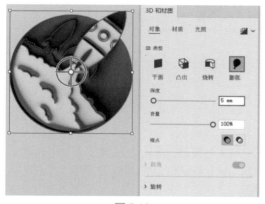

图 7-13

（6）"旋转"效果可以对平面图形进行扭曲，制作空间感。选中图形，执行"效果>3D和材质>旋转"命令或者在"3D和材质"面板中单击"平面"按钮，在X轴、Y轴和Z轴数值框内输入数值，调整图形效果，如图7-14所示。

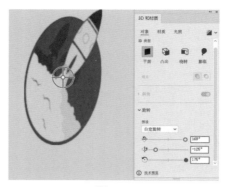

图 7-14

2. 添加材质

材质是指3D对象描边的质感或肌理。为3D对象添加材质能够更好地模拟真实的效果。

（1）选中3D对象，单击"3D和材质"面板顶部的"材质"选项卡，展开"Adobe Substance材质"选项，单击材质球即可为图形赋予该材质。在面板底部可以更改材质属性，如图7-15所示。

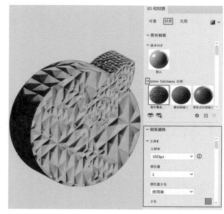

图 7-15

（2）单击 ◎ 按钮可移除材质并设置为默认材质，如图7-16所示。

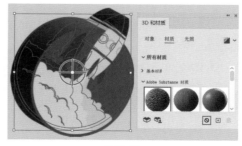

图 7-16

3. 设置光照

为3D对象添加光照能够增加对象的真实感。选中3D对象，单击"3D和材质"面板顶部的"光照"选项卡，在选项卡中可以先选择光照的类型，包括"标准""扩散""左上""右"，还可以对光照的颜色、强度、高度等参数进行设置，如图7-17所示。

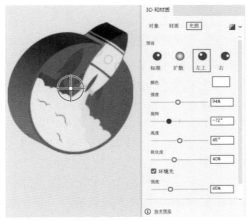

图 7-17

4. 渲染

渲染能够让效果更逼真。选中3D对象，单击"3D和材质"面板右上角的■按钮即可开始渲染。单击按钮右侧的∨按钮可以进行渲染设置，如图7-18所示。

图 7-18

7.2.2 使用 SVG 滤镜

"SVG 滤镜"效果组包括多种预设滤镜效果，可用于使图形快速产生特殊的视觉效果。

（1）选中一个对象，如图7-19所示。

图 7-19

（2）执行"效果>SVG滤镜"命令，子菜单中包括多种SVG滤镜效果，执行相应的命令即可快速添加滤镜效果，如图7-20所示。

图 7-20

（3）执行"效果>SVG滤镜>AI_Alpha_1"命令，效果如图7-21所示。

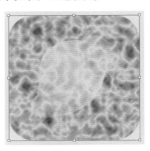

图 7-21

（4）执行"效果>SVG滤镜>应用SVG滤镜"命令，打开"应用SVG滤镜"对话框。在列表中可以单击选择任意一种效果，勾选"预览"复选框可以查看滤镜效果。选择好后单击"确定"按钮，如图7-22所示。

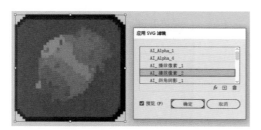

图 7-22

7.2.3 转换为形状

使用"转换为形状"命令可以将矢量对象的外形转换为矩形、圆角矩形和椭圆。

（1）选中图形，如图7-23所示。

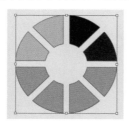

图 7-23

（2）执行"效果>转换为形状"命令，在子菜单中可以看到3种效果：矩形、圆角矩形和椭圆。执行"矩形"命令，在弹出的"形状选项"对话框中对数值进行设置，然后单击"确定"按钮，如图7-24所示。

图 7-24

（3）此时图形效果如图7-25所示。

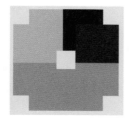

图 7-25

（4）图7-26所示为转换为圆角矩形的效果；图7-27所示为转换为椭圆的效果。

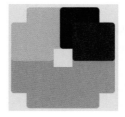 

图 7-26　　　　　　　　图 7-27

7.2.4 使用风格化效果

"风格化"效果组包括内发光效果、圆角效果、外发光效果、投影效果、涂抹效果、羽化效果。这组效果较为常用，尤其是投影效果。

（1）"内发光"效果可以按照图形的边缘形状添加向内部发光的效果。执行"效果>风格化>内发光"命令，可以使对象产生"内发光"效果，如图7-28所示。

图 7-28

（2）"圆角"效果可以将矢量对象的折线转换为曲线。执行"效果>风格化>圆角"命令，尖角的星形变成了圆角的星形，如图7-29所示。

图 7-29

Illustrator 2022　平面设计案例教程（全彩慕课版）

（3）"外发光"效果可以按照该图形的边缘添加向外部发光的效果。执行"效果>风格化>外发光"命令，可以使对象产生"外发光"效果，如图7-30所示。

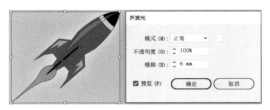

图 7-30

（4）"投影"效果可以为矢量图形或者位图对象添加投影效果。执行"效果>风格化>投影"命令，可以为对象添加"投影"效果，如图7-31所示。

图 7-31

（5）"涂抹"效果能够在保持图形的颜色和基本形状的前提下，制作成画笔涂抹的效果。执行"效果>风格化>涂抹"命令，可以为对象添加"涂抹"效果，如图7-32所示。

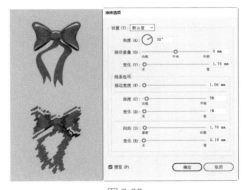

图 7-32

（6）"羽化"效果可以按照该图形的边缘形状添加不透明度渐隐效果。执行"效果>风格化>羽化"命令，可以为对象添加"羽化"效果，如图7-33所示。

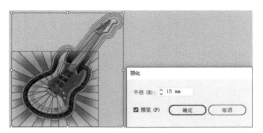

图 7-33

7.3 认识 Photoshop 效果

Photoshop效果与Photoshop软件中滤镜的功能十分相似，其使用方法也大致相同。Photoshop效果主要用于使对象表面产生纹理，或用于制作不同风格的绘画效果。

7.3.1 应用效果画廊

效果画廊是一个集合了大部分常用效果的窗口，既可以对位图进行操作，也可以对矢量图进行操作。

（1）选中要添加效果的对象，如图7-34所示。

图 7-34

（2）执行"效果>效果画廊"命令，在弹出的窗口中首先展开效果组，然后在其中单击选择相应的效果，在窗口左侧查看相应效果，在窗口右侧进行参数设置，如图7-35所示。

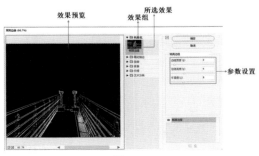

图 7-35

（3）设置好后单击"确定"按钮，效果如图7-36所示。

图 7-36

> 提示：
>
> "效果画廊"与"效果"菜单中"Photoshop效果"下的效果有部分重复，通过这两种方式都可以为对象添加相同的效果。
>
>

7.3.2　应用像素化效果

"像素化"效果组中的效果可以将对象分成相应的色块，制作出奇特的由色块或颗粒组成的画面效果。该效果组既可以对位图进行操作，也可以对矢量图进行操作。

选中需要处理的对象，执行"效果>像素化"命令，在子菜单中可以看到多种效果，如图7-37所示。

图 7-37

执行命令就可以看到对象产生相应的效果。图7-38所示为不同命令产生的效果。

彩色半调

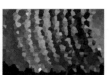
晶格化

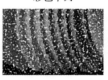
点状化

铜版雕刻

图 7-38

7.3.3　应用扭曲效果

"扭曲"效果组包括"扩散亮光""海洋波纹""玻璃"3个效果，通过该效果组可以为图像添加纹理或增加质感。

选中需要处理的对象，执行"效果>扭曲"命令，在子菜单中可以看到多种效果，如图7-39所示。

图 7-39

执行命令就可以看到对象产生相应的效果，如图7-40所示。

扩散亮光

海洋波纹

玻璃

图 7-40

7.3.4　应用模糊效果

通过"模糊"效果组中的效果可以使画面效果变得柔和、朦胧。该效果组既可以对位图进行操作，也可以对矢量图进行操作。

（1）原图效果如图7-41所示。

图 7-41

（2）"特殊模糊"效果可以使图像中的细节产生模糊效果。执行"效果>模糊>特殊模糊"命令，可以为对象添加"特殊模糊"效果，如图7-42所示。

图 7-42

（3）"径向模糊"效果可以使图像产生旋转或缩放的模糊效果。执行"效果>模糊>径向模糊"命令，可以为对象添加"径向模糊"效果，如图7-43所示。

图 7-43

（4）"高斯模糊"效果可以为图像添加均匀的模糊效果，使画面产生朦胧效果。执行"效果>模糊>高斯模糊"命令，可以为对象添加"高斯模糊"效果，如图7-44所示。

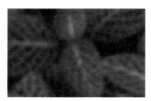

图 7-44

7.3.5 应用画笔描边效果

通过"画笔描边"效果组中的效果可以模拟使用不同风格的画笔笔触绘画的效果。该效果组既可以对位图进行操作，也可以对矢量图进行操作。

选中需要处理的对象，执行"效果>画笔描边"命令，在子菜单中可以看到多种效果，如图7-45所示。

图 7-45

图7-46所示为"画笔描边"效果组产生的效果。

喷溅　　　　　　　喷色描边

墨水轮廓　　　　　强化的边缘

成角的线条　　　　深色线条

烟灰墨　　　　　　阴影线

图 7-46

7.3.6 应用素描效果

"素描"效果组中的效果可以模拟出各种风格的绘画效果。该效果组既可以对位图进行操作，也可以对矢量图进行操作。

选中需要处理的对象，执行"效果>素描"命令，在子菜单中可以看到多种效果，如图7-47所示。

便条纸...
半调图案...
图章...
基底凸现...
影印...
撕边...
水彩画纸...
炭笔...
炭精笔...
石膏效果...
粉笔和炭笔...
绘图笔...
网状...
铬黄...

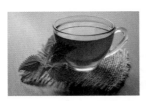

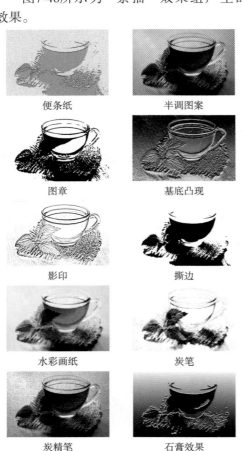

图 7-47

图7-48所示为“素描”效果组产生的效果。

便条纸
半调图案
图章
基底凸现
影印
撕边
水彩画纸
炭笔
炭精笔
石膏效果
粉笔和炭笔
绘图笔
网状
铬黄

图 7-48

7.3.7 应用纹理效果

“纹理”效果组中的效果主要用于模拟各类纹理。该效果组既可以对位图进行操作，也可以对矢量图进行操作。

选中需要处理的对象，执行“效果>纹理”命令，在子菜单中可以看到多种效果，如图7-49所示。

拼缀图...
染色玻璃...
纹理化...
颗粒...
马赛克拼贴...
龟裂缝...

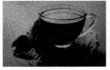

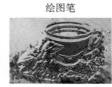

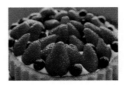

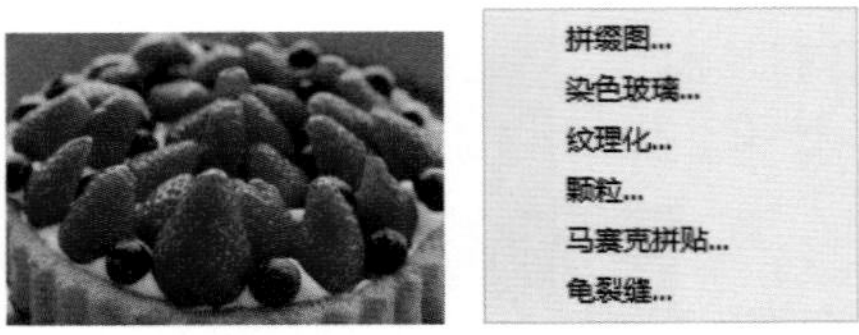

图 7-49

图7-50所示为“纹理”效果组产生的效果。

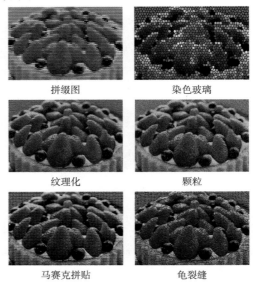

拼缀图
染色玻璃
纹理化
颗粒
马赛克拼贴
龟裂缝

图 7-50

7.3.8 应用艺术效果

“艺术效果”效果组中的效果可以为画面添加不同风格的纹理和手绘效果。该效果组既可以对位图进行操作，也可以对矢量图进行操作。

选中需要处理的对象，执行“效果>艺术效果”命令，在子菜单中可以看到多种效果，如图7-51所示。

图7-52所示为“艺术效果”效果组中部分效果产生的效果。

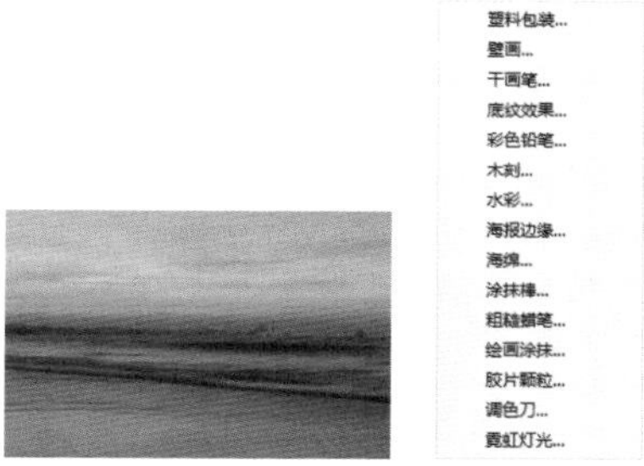

图 7-51

塑料包装

壁画

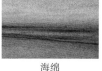

干画笔

底纹效果

彩色铅笔

木刻

水彩

海报边缘

海绵

涂抹棒

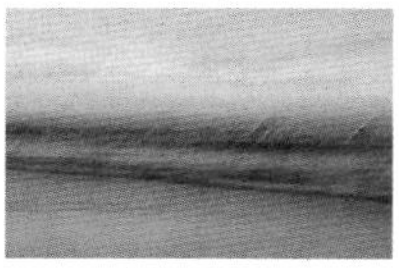

粗糙蜡笔

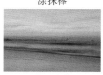

绘画涂抹

胶片颗粒

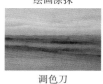

调色刀

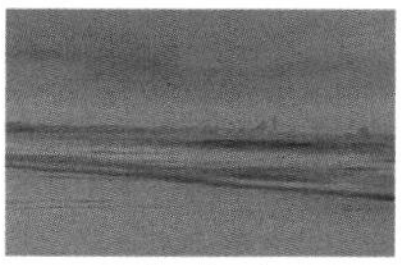

霓虹灯光

图 7-52

7.3.9 应用视频效果

"视频"效果组包含"NTSC颜色"和"逐行"两个效果，可以用于编辑调整视频生成的图像、删除不必要的行频，或转换其颜色模式，如图7-53所示。

NTSC 颜色

逐行...

图 7-53

7.3.10 应用风格化效果

"风格化"效果组只包含"照亮边缘"一个效果。"照亮边缘"效果可以找到画面中明显的区域，将颜色转换为补色，提高边缘的亮度，模拟出霓虹灯的效果。该效果组既可以对位图进行操作，也可以对矢量图进行操作。

（1）原图效果如图7-54所示。

图 7-54

（2）执行"效果>风格化>照亮边缘"命令，可以为对象添加该效果，如图7-55所示。

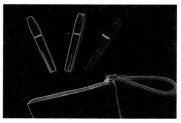

图 7-55

7.3.11 实操：使用高斯模糊制作网页背景

文件路径：资源包\案例文件\第7章效果的运用\实操：使用高斯模糊制作网页背景

案例效果如图7-56所示。

图 7-56

1. 项目诉求

本案例为网页的首屏内容，版面内容较少，只有少量的文字及按钮，要求制作出适合网页版面内容的背景。

2. 设计思路

由于版面内容较少，为了美化版面，可以从网页背景入手。使用精美的摄影图片作为背景是一种常见的方式，但如果背景的内容过于繁杂，会使画面看起来非常混乱。所以可选择内容较为单一的图像，并使用"高斯模糊"效果模糊画面，以突出前景的主体内容。

3. 配色方案

该网页背景的设计方案采用了冷暖对比的色彩搭配方式，使网页具有较强的视觉冲击力。冷色调的蓝紫色作为主色调，呈现出梦幻、浪漫、唯美的视觉效果；黄色作为辅助色，用于文字和背景图形，与背景形成不同的层次，突出文字。网页背景的主要用色如图7-57所示。

图 7-57

4. 项目实战

（1）执行"文件>新建"命令，创建一个A4大小的横向文档。执行"文件>置入"命令，置入素材1（1.jpg），然后单击控制栏中的"嵌入"按钮进行嵌入，如图7-58所示。

图 7-58

（2）选中素材1，执行"效果>模糊>高斯模糊"命令，在弹出的"高斯模糊"对话框中设置"半径"为5像素，完成后单击"确定"按钮，如图7-59所示。

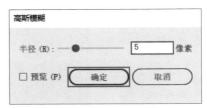

图 7-59

（3）此时画面效果如图7-60所示。

图 7-60

（4）选择工具箱中的"矩形工具"，在画面中拖曳鼠标绘制一个矩形，如图7-61所示。

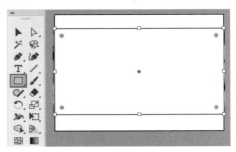

图 7-61

（5）使用"选择工具"选中矩形与素材1，执行"对象>剪切蒙版>建立"命令，此时画面效果如图7-62所示。

图 7-62

（6）选择工具箱中的"矩形工具"，设置"填充"为浅蓝色、"描边"为无，在画面顶部拖曳鼠标绘制一个矩形，如图7-63所示。

图 7-63

（7）继续使用同样的方法绘制其他矩形，如图7-64所示。

图 7-64

（8）选择工具箱中的"矩形工具"，设置"填充"为黄色、"描边"为无，在黄色矩形右侧拖曳鼠标绘制一个小矩形，如图7-65所示。

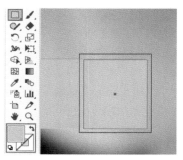

图 7-65

（9）选择工具箱中的"多边形工具"，在黄色矩形上单击，在弹出的"多边形"对话框中设置"半径"为4mm、"边数"为3，完成后单击"确定"按钮，如图7-66所示。

图 7-66

（10）在控制栏中设置"填充"为白色，然后将其旋转至合适角度，如图7-67所示。

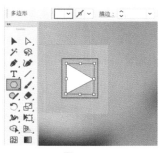

图 7-67

（11）选择工具箱中的"文字工具"，在画面中输入文字，并在控制栏中设置合适的字体、字号与颜色，如图7-68所示。

图 7-68

（12）使用"选择工具"选中文字，执行"效果>风格化>投影"命令，在弹出的"投影"对话框中设置"模式"为正片叠底、"不透明度"为75%、"X 位移"为0.5mm、"Y 位移"为0.5mm、"模糊"为0mm、"颜色"为墨绿色，如图7-69所示。

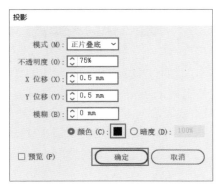

图 7-69

（13）此时文字效果如图7-70所示。

图 7-70

（14）继续使用"文字工具"在黄色矩形上和两个白色矩形中间创建文字，如图7-71所示。

图 7-71

（15）选择工具箱中的"椭圆工具"，在控制栏中设置"填充"为白色、"描边"为无，在画面中按住Shift键的同时拖曳鼠标绘制一个正圆，如图7-72所示。

图 7-72

（16）复制出多个正圆，均匀地摆放在一起，更改其中一个正圆的颜色。本案例完成效果如图7-73所示。

图 7-73

7.4 扩展练习：夏日活动宣传广告

文件路径：资源包\案例文件\第7章效果的运用\扩展练习：夏日活动宣传广告

案例效果如图7-74所示。

图 7-74

7.4.1 项目诉求

本案例为夏日促销活动的宣传广告。需要通过视觉元素和文字叙述，让广告突出夏季和水果这两大核心主题；通过颜色、形状和布局等手段，让广告更加生动、形象，具有诱惑力。同时，广告宣传语要求简短有力、醒目且易于理解。

7.4.2 设计思路

为了突出主题，在画面中添加了很多夏日元素，如冷饮、水果、树叶、阳光等。这些图案元素紧扣主题，同时色彩丰富，能够引人注意。标题文字醒目且具有特色，能给观者留下深刻的印象；有趣的文案可以激发观者的好奇心，进而引发其想要主动了解活动信息的行为。

7.4.3 配色方案

整个海报使用了多种色彩，为了避免混乱，以大面积的从蓝色到红色的渐变作为背景，营造出夏日傍晚的梦幻色调。以橙色、黄色、橘红色作为辅助色，让整个画面氛围活跃、热闹，形成强烈的感染力。海报的主要用色如图7-75所示。

图 7-75

7.4.4 项目实战

（1）执行"文件>新建"命令，创建一个A4大小的纵向文档。选择工具箱中的"矩形工具"，绘制一个与画板等大的矩形，并设置"描边"为无。打开"渐变"面板，设置"渐变类型"为线性、"角度"为90°，编辑一个从蓝色到红色的渐变颜色，如图7-76所示。

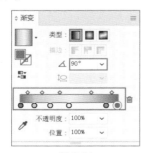

图 7-76

（2）此时画面效果如图7-77所示。

图 7-77

（3）选择工具箱中的"文字工具"，在画面中输入文字，在控制栏中设置合适的字体、字号，并设置"填充"为红棕色，如图7-78所示。

图 7-78

（4）使用"选择工具"选中文字，按Ctrl+C组合键进行复制，按Ctrl+F组合键将其贴在原处。选中前方的文字，在控制栏中设置"填充"为白色、"描边"为白色、"描边粗细"为16pt，如图7-79所示。

图 7-79

（5）使用"选择工具"选中白色描边文字，执行"效果>风格化>外发光"命令，在弹出的"外发光"对话框中设置"模式"为滤色、"颜色"为绿色、"不透明度"为100%、"模糊"为10mm，如图7-80所示。

157

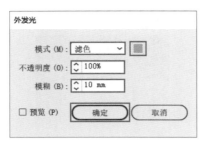

图 7-80

（6）此时文字效果如图7-81所示。

图 7-81

（7）选中文字，单击鼠标右键，在弹出的快捷菜单中执行"排列>后移一层"命令，将其移动到红棕色文字后方，如图7-82所示。

图 7-82

（8）此时文字效果如图7-83所示。

图 7-83

（9）选中前方的文字，执行"效果>风格化>投影"命令，在弹出的"投影"对话框中设置"模式"为正常、"不透明度"

为75%、"X 位移"为0.5mm、"Y 位移"为0.5mm、"模糊"为1mm、"颜色"为黄色，如图7-84所示。

图 7-84

（10）此时文字效果如图7-85所示。

图 7-85

（11）选中所有文字，执行"对象>封套扭曲>用变形建立"命令，在弹出的"变形选项"对话框中设置"样式"为弧形，选中"水平"单选按钮，设置"弯曲"为20%，设置完成后单击"确定"按钮，如图7-86所示。

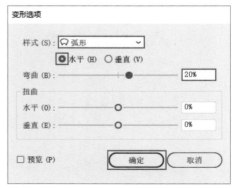

图 7-86

（12）此时文字效果如图7-87所示。

图 7-87

（13）执行"文件>置入"命令，置入素材1（1.png），然后单击控制栏中的"嵌入"按钮进行嵌入，如图7-88所示。

图 7-88

（14）打开素材2（2.ai），选择其中的文字部分，按Ctrl+C组合键进行复制。返回当前操作的文档中，按Ctrl+V组合键进行粘贴，并摆放在合适的位置。本案例完成效果如图7-89所示。

图 7-89

一、选择题

1. 哪个效果可以用于制作3D效果？（　　）
   - A．"喷色描边"效果
   - B．"外发光"效果
   - C．"凸出和斜角"效果
   - D．"投影"效果

2. 哪个效果可以用于模拟素描画效果？（　　）
   - A．"彩色半调"效果
   - B．"炭笔"效果
   - C．"塑料包装"效果
   - D．"扩散亮光"效果

二、填空题

1. 使用_____效果，可以使对象产生由边缘向外发光的效果。

2. 使用_____效果，可以使对象产生比较均匀的模糊效果。

三、判断题

1. "效果"菜单下的效果作用于对象本身，一旦添加，无法恢复为之前的效果。　　（　　）

2. 使用"涂抹"效果可以使对象产生向外膨胀的效果。（　　）

第7章　效果的运用

课后实战

● 制作奇特的画面效果

运用Illustrator中的效果使图像产生奇特的艺术化效果，也可将处理后的图像作为海报或广告的背景使用。

第**8**章

游戏App用户排名界面

文件路径：资源包\案例文件\第8章UI设计综合应用\游戏App用户排名界面

本章将完成一个游戏 App 用户排名界面的设计，效果如图 8-1 所示。

本章要点

图 8-1

8.1 项目诉求

本案例要设计一个休闲类手机小游戏的界面，主要展示用户在游戏通关后的排名及得分信息。用户排名是这个界面的核心，需要突出显示。在设计成绩页面时，可以考虑将游戏的元素融入其中，让用户在页面上感受到与游戏相似的氛围和情感。

8.2 设计思路

在设计这个界面时，需要将用户体验放在首位，做到简洁易懂，让用户在使用过程中感受到愉悦和满足。其中，鲜明的代表胜利的文字让结果一目了然。为了突出用户成绩，将不同排名的用户信息以大小进行区分，形成明显的差异化，同时也满足了用户的心理预期。

除了成绩之外，还可以在界面上显示用户的昵称、头像等信息，让用户有种个性化和归属感。在页面上添加分享和挑战功能，让用户可以分享自己的成绩，或者挑战其他用户的成绩，增加互动性和趣味性。

8.3 配色方案

该界面采用了冷色调的配色方案，画面内容以蓝色和青绿色为主，两色之间的渐变使整个页面形成较为统一的清新之感。点缀少许高明度的黄色，通过颜色的明暗对比，形成画面的空间感和层次感。在颜色简单的画面上，即使展示色彩丰富的用户头像，也不会产生杂乱之感。界面的主要用色如图8-2所示。

图 8-2

8.4 项目实战

1. 制作界面上半部分

（1）执行"文件>新建"命令，新建一个"宽度"为1125px、"高度"为2436px的空白文档。选择工具箱中的"矩形工具"，在画面中拖曳鼠标绘制一个无描边的矩形，如图8-3所示。

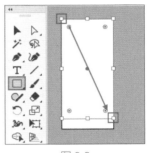

图 8-3

（2）选中矩形，双击工具箱中的"渐变工具"，在打开的"渐变"面板中设置"渐变类型"为"线性"渐变、"角度"为90°，接着编辑一个从绿色到蓝色的渐变颜色，如图8-4所示。

图 8-4

（3）此时画面效果如图8-5所示。

图 8-5

（4）选择工具箱中的"文字工具"，在画面中输入文字，并在控制栏中设置合适的字体、字号，如图8-6所示。

图 8-6

（5）选中文字，执行"对象>扩展"命令，将文字扩展为图形。接着执行"窗口>渐变"命令，打开"渐变"面板，设置"渐变类型"为"线性"渐变、"角度"为90°，编辑一个绿色系的渐变颜色，如图8-7所示。

图 8-7

（6）选中文字，执行"效果>风格化>投影"命令，在弹出的"投影"对话框中设置"模式"为"正片叠底"、"不透明度"为30%、"X 位移"为0px、"Y 位移"为0px、"模糊"为50px、"颜色"为蓝紫色，此时文字效果如图8-8所示。

图 8-8

（7）继续使用"文字工具"输入其他文字，如图8-9所示。

（8）选中白色文字，先将其旋转，然后在控制栏中设置"不透明度"为20%，效果如图8-10所示。

图 8-9

图 8-10

（9）选择工具箱中的"椭圆工具"，在画面中按住Shift键的同时拖曳鼠标绘制一个正圆，接着设置"填充"为蓝紫色、"描边"为浅蓝色、"描边粗细"为20pt，如图8-11所示。

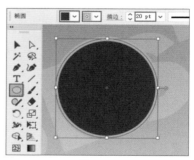

图 8-11

（10）在控制栏中设置"不透明度"为30%，效果如图8-12所示。

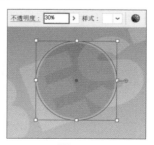

图 8-12

（11）选中圆形，执行"效果>风格化>投影"命令，在弹出的"投影"对话框中设置"模式"为"正片叠底"、"不透明度"为75%、"X 位移"为0px、"Y 位移"为0px、"模糊"为13px、"颜色"为蓝紫色，完成后单击"确定"按钮，如图8-13所示。

图 8-13

（12）此时正圆效果如图8-14所示。

图 8-14

（13）继续使用"椭圆工具"绘制其他正圆，效果如图8-15所示。

图 8-15

（14）执行"文件>置入"命令，置入卡通动物素材1（1.jpg），并移动至画面合适位置，在控制栏中单击"嵌入"按钮，如图8-16所示。

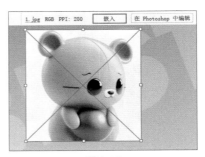

图 8-16

（15）选择工具箱中的"椭圆工具"，在素材1上按住Shift键的同时拖曳鼠标绘制一个正圆，如图8-17所示。

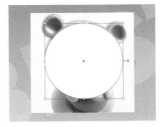

图 8-17

（16）选中素材1与正圆，执行"对象>剪切蒙版>建立"命令，为素材1创建剪切蒙版，效果如图8-18所示。

图 8-18

（17）选中素材1，单击鼠标右键，在弹出的快捷菜单中执行"排列>后移一层"命令，如图8-19所示。

图 8-19

（18）继续执行该命令，将素材1移动至小正圆下方，画面效果如图8-20所示。

图 8-20

（19）选择工具箱中的"钢笔工具"，在素材1下方绘制一个多边形，并置于卡通动物的下层，如图8-21所示。

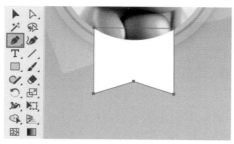

图 8-21

（20）选中多边形，打开"渐变"面板，设置"渐变类型"为"线性"、"角度"为90°，接着编辑一个从绿色到蓝色的渐变颜色，如图8-22所示。

图 8-22

（21）选中多边形，执行"效果>风格化>投影"命令，在弹出的"投影"对话框中设置"模式"为正片叠底、"不透明度"为30%、"X 位移"为0px、"Y 位移"为0px、"模糊"为10px、"颜色"为蓝紫色，单击"确定"按钮，如图8-23所示。

图 8-23

（22）此时多边形效果如图8-24所示。

图 8-24

（23）选择工具箱中的"文字工具"，在画面中输入文字，并在控制栏中设置合适的字体、字号与颜色，如图8-25所示。

图 8-25

（24）继续使用"文字工具"输入其他文字，如图8-26所示。

图 8-26

（25）复制玩家信息部分的内容，缩放

并移动到画面两侧，更改图像及文字信息，效果如图8-27所示。

图 8-27

2. 制作界面下半部分

（1）继续使用"矩形工具"在画板底部绘制其他3个矩形并填充相应的颜色，效果如图8-28所示。

图 8-28

（2）选中蓝色矩形，执行"效果>风格化>投影"命令，在弹出的"投影"对话框中设置"模式"为"正片叠底"、"不透明度"为30%、"X 位移"为0px、"Y 位移"为-30px、"模糊"为30px、"颜色"为墨绿色，完成后单击"确定"按钮，如图8-29所示。

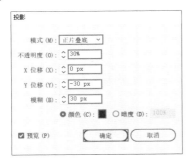

图 8-29

（3）此时图形效果如图8-30所示。

图 8-30

（4）选中绿色渐变矩形，执行"效果>风格化>投影"命令，在弹出的"投影"对话框中设置"模式"为"正片叠底"、"不透明度"为60%、"X 位移"为0px、"Y 位移"为0px、"模糊"为15px、"颜色"为灰色，完成后单击"确定"按钮，如图8-31所示。

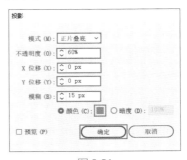

图 8-31

（5）此时图形效果如图8-32所示。

图 8-32

（6）选择工具箱中的"钢笔工具"，在绿色渐变矩形左侧绘制一个多边形，设置"填充"为浅绿色、"描边"为无，如图8-33所示。

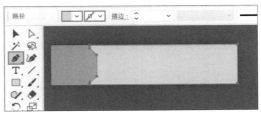

图 8-33

（7）选择工具箱中的"椭圆工具"，在

控制栏中设置"填充"为无、"描边"为白色、"描边粗细"为4pt，然后在绿色渐变矩形左侧按住Shift键的同时拖曳鼠标绘制正圆，如图8-34所示。

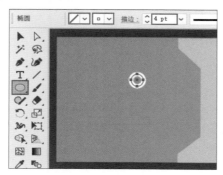

图 8-34

（8）将正圆复制两份，并移动到合适位置，如图8-35所示。

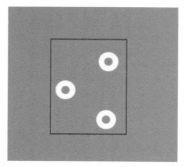

图 8-35

（9）选择工具箱中的"钢笔工具"，在控制栏中设置"填充"为无、"描边"为白色、"描边粗细"为4pt，在两个正圆之间绘制一条线段，如图8-36所示。

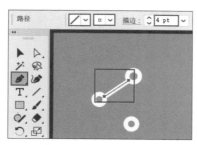

图 8-36

（10）继续使用"钢笔工具"绘制另一条线段，效果如图8-37所示。

（11）使用"文字工具"在绿色按钮上添加文字，效果如图8-38所示。

图 8-37

图 8-38

3. 制作界面展示效果

（1）选择工具箱中的"画板工具"，按住鼠标左键拖曳创建一个新画板，如图8-39所示。

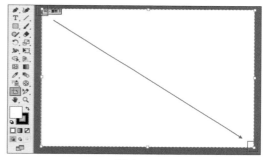

图 8-39

（2）选择工具箱中的"矩形工具"，绘制一个与新画板等大的矩形，然后设置"填充"为浅灰蓝色、"描边"为无，如图8-40所示。

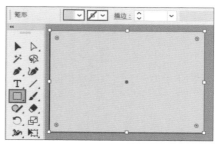

图 8-40

（3）将界面内容编组并复制一份，然后移动到新画板中。选择工具箱中的"圆角矩形工具"，在界面中绘制一个圆角矩形，可以拖曳圆形控制点调整圆角半径大小，如图8-41所示。

图 8-41

（4）选中圆角矩形和界面图形，单击鼠标右键，在弹出的快捷菜单中执行"建立剪切蒙版"命令，效果如图8-42所示。

图 8-42

（5）选中界面图形，执行"效果>风格化>投影"命令，在弹出的"投影"对话框中设置"模式"为"正片叠底"、"不透明度"为10%、"X 位移"为80px、"Y 位移"为80px、"模糊"为30px、"颜色"为黑色，完成后单击"确定"按钮，如图8-43所示。

（6）此时画面效果如图8-44所示。

（7）选中界面图形，在按住Alt键的同时向右拖曳鼠标，释放鼠标左键后完成移动和复制的操作，如图8-45所示。

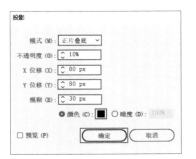

图 8-43

图 8-44

图 8-45

（8）继续使用同样的方法复制界面图形，并摆放在合适的位置。本案例完成效果如图8-46所示。

图 8-46

第**9**章

儿童节海报

文件路径：资源包\案例文件\第9章 海报设计综合应用\儿童节海报

本章将完成一个儿童节海报的设计，效果如图 9-1 所示。

本章要点

图 9-1

9.1 项目诉求

该海报的主题为儿童节，需要在设计中体现出欢乐、童趣、天真等元素。海报的主要颜色需要明亮、鲜艳，以吸引儿童的注意力。构图需要简洁明了，突出主题，让人一目了然。

9.2 设计思路

为了符合儿童节的主题和氛围，可以考虑使用明亮的色彩，搭配有趣的插画元素来吸引孩子们的眼球。同时，设计中可以体现出孩子们快乐、幸福的感受，如运用笑脸、拥抱等元素。

在版面构图上，可以采用对称的方式来呈现，以增强整体视觉效果和平衡感。此外，文字信息也需要清晰明了、易于理解，能够准确传达活动信息和主题。

9.3 配色方案

为了营造轻松愉悦的氛围，该海报的主色调采用了淡黄色，代表温馨和惬意；浅绿色、冰蓝色和白色作为辅助色，营造开阔通透的空间感。为增添画面的活泼感，采用了高纯度的鲜黄色、红色和青色作为点缀色。这些色彩的搭配可以让观者感受到愉快和喜悦。海报的主要用色如图9-2所示。

图 9-2

9.4 项目实战

1. 制作海报主体文字

（1）新建一个A4大小的空白文档。选择工具箱中的"矩形工具"，绘制一个与画板等大的无描边矩形。选中矩形，双击工具箱中的"渐变工具"，在打开的"渐变"面板中编辑一个米色系的渐变颜色，如图9-3所示。

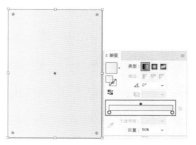

图 9-3

（2）选择工具箱中的"文字工具"，在画面中输入文字，接着设置合适的字体、字号和颜色，如图9-4所示。

图 9-4

（3）选中文字，执行"对象>封套扭曲>用变形建立"命令，在弹出的"变形选项"对话框中设置"样式"为"弧形"，选中"水平"单选按钮，设置"弯曲"为20%，完成后单击"确定"按钮，如图9-5所示。

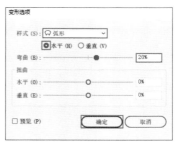

图 9-5

（4）此时文字效果如图9-6所示。

图 9-6

（5）使用同样的方法在文字下方制作另一组文字，效果如图9-7所示。

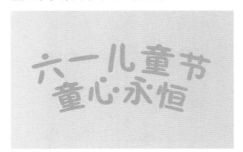

图 9-7

（6）选择工具箱中的"钢笔工具"，在控制栏中设置"填充"为白色、"描边"为无，在文字外侧绘制图形，如图9-8所示。

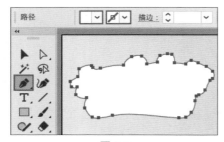

图 9-8

（7）选中白色图形，多次执行"对象>排列>后移一层"命令，将白色图形移动到文字后方，如图9-9所示。

图 9-9

（8）选中该图形，执行"效果>风格化>投影"命令，在弹出的"投影"对话框中设置"模式"为"正片叠底"、"不透明度"为30%、"X位移"为2.47mm、"Y位移"为2.47mm、"模糊"为5mm、"颜色"为黑色，完成后单击"确定"按钮，如图9-10所示。

（9）此时画面效果如图9-11所示。

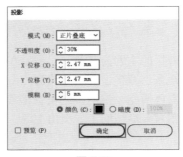

图 9-10

图 9-11

（10）继续使用同样的方法制作其他图形与文字，效果如图9-12所示。

图 9-12

（11）选择工具箱中的"钢笔工具"，设置"填充"为无、"描边"为蓝灰色、"描边粗细"为5pt，在文字下方绘制路径，如图9-13所示。

图 9-13

（12）选中该路径，执行"效果>模糊>高斯模糊"命令，在弹出的"高斯模糊"对话框中设置"半径"为24像素，单击"确定"

Illustrator 2022 平面设计案例教程（全彩慕课版）

按钮，如图9-14所示。

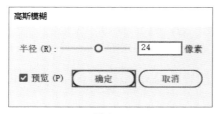

图 9-14

（13）此时画面效果如图9-15所示。

图 9-15

（14）选择工具箱中的"椭圆工具"，在画面空白位置绘制一个圆形，如图9-16所示。

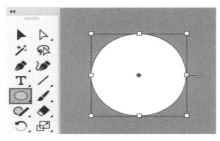

图 9-16

（15）继续使用同样的方法绘制其他椭圆，拼组在一起形成云朵图形，如图9-17所示。

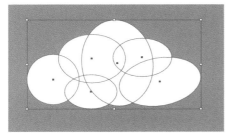

图 9-17

（16）选中所有圆形和椭圆，执行"窗口>路径查找器"命令，在打开的"路径查找器"面板中单击"联集"按钮，如图9-18所示。

图 9-18

（17）此时所有图形合并成一个图形，效果如图9-19所示。

图 9-19

（18）选中该图形，打开"渐变"面板，设置"渐变类型"为"线性"，接着编辑一个从白色到灰色的渐变颜色，如图9-20所示。

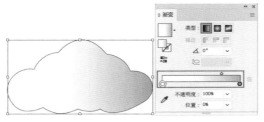

图 9-20

（19）将该图形移动至文字左侧，效果如图9-21所示。

图 9-21

（20）继续使用同样的方法制作其他图

形，并摆放到画面中的合适位置，如图9-22所示。

图 9-22

（21）选择工具箱中的"矩形工具"，按住Shift键拖曳鼠标在画面左上角绘制一个正方形，设置"填充"为蓝色、"描边"为无，如图9-23所示。

图 9-23

（22）选择工具箱中的"钢笔工具"，在蓝色正方形下方绘制一段路径，在控制栏中设置"填充"为无、"描边"为蓝色、"描边粗细"为2pt，如图9-24所示。

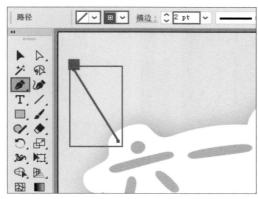

图 9-24

（23）选择工具箱中的"椭圆工具"，在直线下方绘制一个圆形，在控制栏中设置"填充"为白色、"描边"为蓝色、"描边粗细"为2pt，如图9-25所示。

图 9-25

（24）复制正方形、路径、圆形这3个对象并移动到其他位置，如图9-26所示。

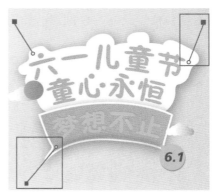

图 9-26

（25）执行"窗口>符号库>庆祝"命令，在弹出的"庆祝"面板中选择"气球簇"符号，将其拖曳至画面文字左侧并调整大小，如图9-27所示。

图 9-27

（26）选中"气球簇"图形，执行"对象>变换>镜像"命令，在弹出的"镜像"对话框中设置"轴"为"垂直"，接着单击"复制"按钮，如图9-28所示。

图 9-28

（27）选中复制的"气球簇"图形，将其移动至文字右侧，如图9-29所示。

图 9-29

2. 制作底部装饰图形

（1）选择工具箱中的"钢笔工具"，在画面底部绘制树丛图形，然后填充为绿色系的线性渐变，如图9-30所示。

图 9-30

（2）使用同样的方法在图形的前面绘制其他装饰图形，如图9-31所示。

图 9-31

（3）继续使用"钢笔工具"在画面空白

位置绘制稻穗图形，设置"填充"为浅黄色、"描边"为无，如图9-32所示。

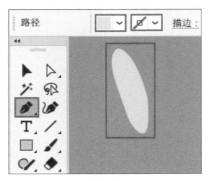

图 9-32

（4）再次使用"钢笔工具"在稻穗图形中绘制一个不规则的叶脉图形，如图9-33所示。

图 9-33

提示：

使用"斑点画笔工具"也可以绘制叶脉图形，如图9-34所示。

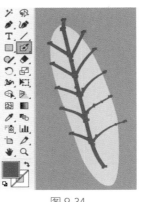

图 9-34

（5）选中稻穗图形和叶脉图形，执行"窗口>路径查找器"命令，在打开的"路径查找器"面板中单击"减去顶层"按钮，如图9-35所示。

图 9-35

（6）此时图形效果如图9-36所示。

图 9-36

（7）将图形移动至画面中的合适位置，多次执行"对象>排列>后移一层"命令，将图形移动至树丛图形后方，如图9-37所示。

图 9-37

（8）多次复制该对象，并摆放在画面中的合适位置，如图9-38所示。

图 9-38

（9）选择工具箱中的"钢笔工具"，在画面底部绘制植物图形，如图9-39所示。

图 9-39

（10）选择工具箱中的"渐变工具"，在控制栏中设置"渐变类型"为"任意形状"渐变、"绘制"方式为"点"，接着在图形中添加控制点并更改颜色，如图9-40所示。

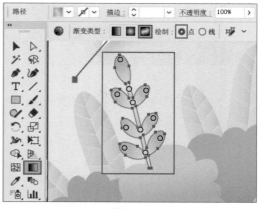

图 9-40

（11）选中该图形，多次执行"对象>排列>后移一层"命令，将图形移动至树丛图形后面，如图9-41所示。

Illustrator 2022 平面设计案例教程（全彩慕课版）

图 9-41

（12）多次复制该图形，并摆放在画面中的合适位置，如图9-42所示。

图 9-42

（13）选择工具箱中的"钢笔工具"，在画面底部合适位置绘制图形。选中该图形，打开"渐变"面板，设置"渐变类型"为"线性"、"角度"为90°，接着编辑一个橙黄色系的渐变，如图9-43所示。

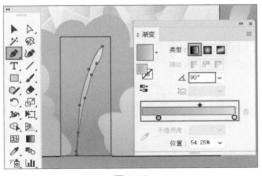

图 9-43

（14）继续使用同样的方法绘制其他图形，并摆放在画面中的合适位置，效果如图9-44所示。

图 9-44

（15）执行"文件>置入"命令，置入卡通素材1（1.png），并在控制栏中单击"嵌入"按钮，摆放在画面下半部分。本案例完成效果如图9-45所示。

图 9-45

第10章

建筑书籍内页版面

文件路径：资源包\案例文件\第10章 书籍设计综合应用\
建筑书籍内页版面

本章将完成一个建筑书籍内页版面的设计，效果如图 10-1 所示。

本章要点

图 10-1

10.1 项目诉求

本案例是一本有关建筑学科的书籍内页版面设计项目，版面要以图像作为重点展示内容。要求根据图像和文章的内容选择合适的展示方式和展现风格，通过图文的合理搭配和排版，让内页内容更加生动、形象，提高内容吸引力和阅读体验。

10.2 设计思路

在两个内页中，将给定的建筑摄影作品作为跨页背景，满版的图像具有更强的代入感，传递的情感也更加丰沛。版面左侧通过图形的巧妙运用，呈现出建筑冲破框架的效果，为画面增加了趣味性，同时也更具故事性。背景图中右侧内容相对单一，所以将文字信息与第二张图像相结合，搭配半透明的低明度色块，让读者的视线集中在文字上方。

10.3 配色方案

根据给定的图像以及文字信息可知，版面内容传递出较强的理性感和科技感。据此，可以将版面的整体色调确定为冷色调的配色方案。采用与深海接近的色彩渲染整个画面，既与背景图像的内容相吻合，又可以营造出深邃、科技、冷静的氛围。由于图像大面积区域明度较低，所以在版面中添加了白色的图形，以平衡画面明暗。版面的主要用色如图10-2所示。

图 10-2

10.4 项目实战

1. 书籍排版

（1）执行"文件>新建"命令，新建一

个A4大小、"方向"为横向的空白文档。执行"文件>置入"命令，置入素材1（1.jpg）并调整至合适的大小，在控制栏中单击"嵌入"按钮，如图10-3所示。

图 10-3

（2）选择工具箱中的"矩形工具"，在控制栏中设置"填充"为无、"描边"为白色、"描边粗细"为18pt，在画面左侧绘制一个矩形，如图10-4所示。

图 10-4

（3）选中矩形，执行"对象>扩展"命令，在弹出的"扩展"对话框中勾选"描边"复选框，单击"确定"按钮，如图10-5所示。此时描边转换为形状，如图10-6所示。

图 10-5　　　　　图 10-6

（4）选择工具箱中的"钢笔工具"，在白色描边矩形左下角绘制一个多边形，如图10-7所示。

177

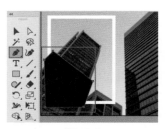

图 10-7

（5）选中白色描边矩形和多边形，打开
"路径查找器"面板，单击"减去顶层"按
钮▣，如图10-8所示。

图 10-8

（6）此时画面效果如图10-9所示。

图 10-9

（7）选择工具箱中的"矩形工具"，在
画面右侧绘制一个矩形。选中矩形，在控制
栏中设置"填充"为黑色、"描边"为无，
如图10-10所示。

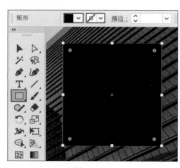

图 10-10

（8）选中矩形，在控制栏中设置"不透
明度"为55%，如图10-11所示。

（9）再次使用"矩形工具"在半透明矩
形顶端绘制一个白色矩形，如图10-12所示。

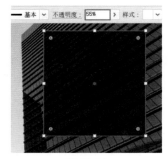

图 10-11

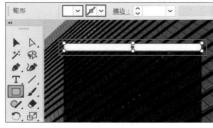

图 10-12

（10）执行"文件>置入"命令，置入
素材2（2.jpg），调整至合适的大小，在控
制栏中单击"嵌入"按钮，如图10-13所示。

图 10-13

（11）选择工具箱中的"矩形工具"，绘
制一个与素材2等大的矩形，接着设置"填
充"为深青色、"描边"为无，如图10-14
所示。

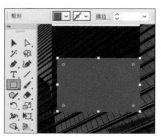

图 10-14

（12）选中深青色矩形，单击控制栏中
的"不透明度"按钮，在下拉面板中设置

"混合模式"为"正片叠底",此时画面效果如图10-15所示。

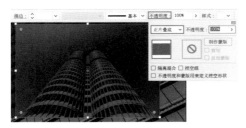

图 10-15

（13）继续使用"矩形工具"在素材2右下角绘制一个白色矩形,如图10-16所示。

图 10-16

（14）选择工具箱中的"文字工具",在画面中输入文字,接着在控制栏中设置合适的字体、字号与颜色,如图10-17所示。

图 10-17

（15）选择工具箱中的"文字工具",在素材2中绘制文本框后输入文字,在控制栏中设置合适的字体、字号和颜色,如图10-18所示。

图 10-18

（16）选中段落文字,执行"窗口>文字>段落"命令,在"段落"面板中设置"对齐方式"为两端对齐、末行左对齐,"段前间距"为9pt,如图10-19所示。

图 10-19

（17）此时段落文字效果如图10-20所示。

图 10-20

（18）继续使用同样的方法制作其他文字,效果如图10-21所示。然后按Ctrl+G组合键将所有元素编组。

图 10-21

（19）至此,书籍内页排版完成,效果如图10-22所示。

图 10-22

2. 书籍展示效果

（1）选择工具箱中的"画板工具"，在控制栏中单击"新建画板"按钮，创建一个新画板。在控制栏中设置画板"宽度"为460mm、"高度"为340mm，如图10-23所示。

图 10-23

（2）选择工具箱中的"矩形工具"，绘制一个与画板2等大的矩形，设置"填充"为蓝灰色、"描边"为无，如图10-24所示。

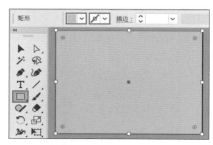

图 10-24

（3）选中排版好的书籍内页，将其复制一份并移动至画板2中。选择工具箱中的"矩形工具"，在画面中绘制一个矩形。打开"渐变"面板，设置"渐变类型"为"线性"，接着编辑一个从透明到黑色的渐变颜色，如图10-25所示。

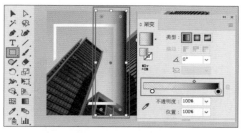

图 10-25

（4）选中矩形，单击控制栏中的"不透明度"按钮，在下拉面板中设置"混合模式"为"正片叠底"、"不透明度"为30%，如图10-26所示。

图 10-26

（5）选中书籍内页，执行"效果>风格化>投影"命令，在弹出的"投影"对话框中设置"模式"为"正片叠底"、"不透明度"为30%、"X 位移"为10mm、"Y 位移"为10mm、"模糊"为3mm、"颜色"为黑色，单击"确定"按钮，如图10-27所示。

图 10-27

（6）本案例完成效果如图10-28所示。

图 10-28

第 **11** 章
美食网站首页

本章要点

文件路径：资源包\案例文件\第11章 网页设计综合应用\美食网站首页

本章将完成一个美食网站首页的设计，效果如图 11-1 所示。

图 11-1

11.1 项目诉求

本案例需要设计以水果为主题的网站首页。要求设计师通过色彩、排版、图片等元素，打造出一个美观、独特且有吸引力的页面，吸引用户浏览和点击。

设计师要通过合理的版式设计和排版方式，使信息层次分明、清晰易懂，让用户能够快速找到需要的信息；同时要体现品牌形象和文化内涵，吸引用户产生情感共鸣。

11.2 设计思路

为了吸引用户的注意力，整个页面内容以图像的展示为主。精美的水果图像最容易使用户产生代入感与期待感。

整个版面篇幅较长，为避免版面产生杂乱之感，特将需要展示的内容分为3个部分，并以色块与图像拼接，使每部分内容得以区分。

页面除了展示水果的新鲜与自然外，还穿插了可视化图表，不仅传达了信息，还增强了层次感和观赏性。

11.3 配色方案

网页以浅灰色作为背景，奠定了版面的高明度色彩基调，搭配浓郁的果绿色，使画面形成对比，显得明快、鲜明。在版面简单配色的基础上，即使更换其他色彩的水果图像，也不容易产生颜色混乱的问题。版面的主要用色如图11-2所示。

图 11-2

11.4 项目实战

1. 制作页首部分

（1）执行"文件>新建"命令，新建一

个"宽度"为1280像素、"高度"为2680像素的文档。选择工具箱中的"矩形工具"，在画面中拖曳鼠标绘制一个矩形，设置"填充"为亮灰色、"描边"为无，如图11-3所示。

图 11-3

（2）执行"文件>置入"命令，置入图片素材1（1.jpg），并在控制栏中单击"嵌入"按钮，如图11-4所示。

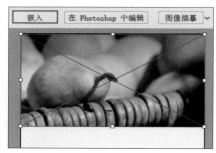

图 11-4

（3）选择工具箱中的"矩形工具"，在图片素材上绘制一个与图片等大的矩形，并设置"填充"为草绿色、"描边"为无，如图11-5所示。

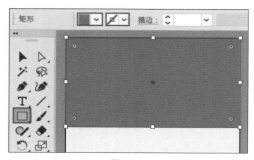

图 11-5

（4）选中矩形，在控制栏中单击"不透明度"按钮，在下拉面板中设置"混合模式"为"正片叠底"、"不透明度"为50%，如图11-6所示。选中矩形和图片素材，按Ctrl+G组合键进行编组。

图 11-6

（5）再次使用"矩形工具"绘制一个与图片素材等大的矩形，双击工具箱中的"渐变工具"按钮，打开"渐变"面板，设置"渐变类型"为"线性"渐变、"角度"为-90°，接着编辑一个从白色到黑色的渐变颜色，如图11-7所示。

图 11-7

（6）选中渐变矩形和图片素材，在"不透明度"下拉面板中单击"制作蒙版"按钮，如图11-8所示。

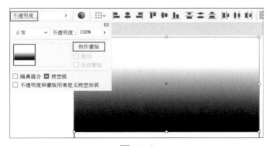

图 11-8

（7）此时画面效果如图11-9所示。

（8）继续使用同样的方法在画面底部置入素材并制作出渐隐效果，如图11-10所示。

（9）选择工具箱中的"文字工具"，在画面左上角输入文字，接着在控制栏中设置合适的字体、字号和颜色，如图11-11所示。

图 11-9

图 11-10

图 11-11

（10）继续使用"文字工具"在步骤9中输入的文字下方输入其他文字，如图11-12所示。

图 11-12

（11）选择工具箱中的"钢笔工具"，在画板以外的位置绘制图形，如图11-13所示。

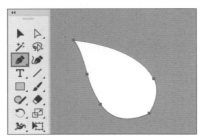

图 11-13

（12）再次使用"钢笔工具"绘制图形，如图11-14所示。

图 11-14

（13）选中步骤11和步骤12中绘制的两个图形，执行"窗口>路径查找器"命令，打开"路径查找器"面板，单击"差集"按钮▣，如图11-15所示。

图 11-15

（14）将步骤13中得到的新图形移动至画面文字上方，并设置"填充"为白色，此时画面效果如图11-16所示。

图 11-16

（15）选择工具箱中的"钢笔工具"，在控制栏中设置"填充"为无、"描边"为白色、"描边粗细"为1pt，在文字下方绘制一条直线，如图11-17所示。

图 11-17

（16）选择工具箱中的"文字工具"，在画面中输入文字，接着在控制栏中设置合适的字体、字号和颜色，如图11-18所示。

图 11-18

（17）继续使用"文字工具"输入其他文字，如图11-19所示。

图 11-19

Illustrator 2022 平面设计案例教程（全彩慕课版）

2. 制作网页主体部分

（1）选择工具箱中的"矩形工具"，在画面中的合适位置绘制一个矩形，接着设置"填充"为草绿色、"描边"为无，如图11-20所示。

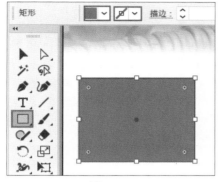

图 11-20

（2）选中矩形，执行"效果>风格化>外发光"命令，在弹出的"外发光"对话框中设置"模式"为"正片叠底"、"颜色"为绿色、"不透明度"为80%、"模糊"为5mm，单击"确定"按钮，如图11-21所示。

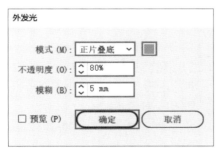

图 11-21

（3）此时矩形效果如图11-22所示。

图 11-22

（4）在矩形下方绘制3个相同大小的矩形，并设置黑灰色系的线性渐变。选中3个矩形，按Ctrl+G组合键进行编组，如图11-23所示。

图 11-23

（5）选中黑色矩形组，执行"效果>风格化>投影"命令，在弹出的"投影"对话框中设置"模式"为"正片叠底"、"不透明度"为75%、"X位移"为0mm、"Y位移"为9mm、"模糊"为6mm、"颜色"为黑灰色，单击"确定"按钮，如图11-24所示。

图 11-24

（6）此时图形效果如图11-25所示。

图 11-25

（7）执行"文件>置入"命令，置入素材2（2.jpg），并在控制栏中单击"嵌入"按钮，如图11-26所示。

图 11-26

（8）选中素材2，执行"效果>风格化
>投影"命令，在弹出的"投影"对话框
中设置"模式"为正片叠底、"不透明度"
为75%、"X 位移"为0mm、"Y 位移"为
6mm、"模糊"为6mm、"颜色"为深灰色，
完成后单击"确定"按钮，如图11-27所示。

图 11-27

（9）此时画面效果如图11-28所示。

图 11-28

（10）选择工具箱中的"椭圆工具"，
在画面的空白位置按住Shift键绘制一个正
圆，接着设置"填充"为无、"描边"为稍
深的绿色、"描边粗细"为10pt，如图11-29
所示。

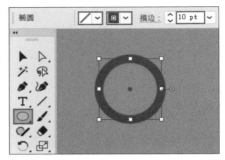

图 11-29

（11）选中正圆，执行"对象>扩展"命
令，在弹出的"扩展"对话框中勾选"描边"
复选框，单击"确定"按钮，此时路径转换
为形状，如图11-30所示。

图 11-30

（12）继续使用"椭圆工具"绘制一个
稍大一些的正圆，拖曳控制点将圆形更改为
扇形，如图11-31所示。

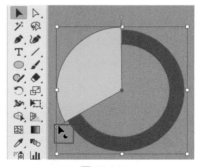

图 11-31

（13）选中两个图形，执行"窗口>路径
查找器"命令，在"路径查找器"面板中单
击"减去顶层"按钮插入图形，如图11-32
所示。

（14）制作完成后将图形移动至渐变矩
形中，效果如图11-33所示。

图 11-32

图 11-33

（15）继续使用同样的方法制作其他图形并摆放在画面中的合适位置，如图11-34所示。

图 11-34

（16）选择工具箱中的"椭圆工具"，在控制栏中设置"填充"为白色、"描边"为无，在素材2下方按住Shift键绘制一个小正圆，如图11-35所示。

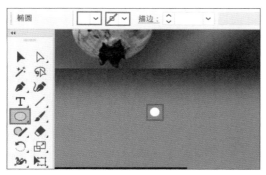

图 11-35

（17）在按住Shfit+Alt组合键的同时拖曳鼠标进行多次移动并复制，更改最后一个小正圆的颜色，效果如图11-36所示。

图 11-36

（18）选择工具箱中的"文字工具"，在画面中输入文字，接着在控制栏中设置合适的字体、字号和颜色，如图11-37所示。

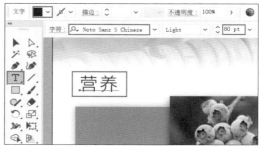

图 11-37

（19）继续添加绿色文字，然后将其旋转至合适角度，如图11-38所示。

图 11-38

（20）继续使用"文字工具"在画面中输入文字，在控制栏中设置合适的字体、字号和颜色，如图11-39所示。

图 11-39

（21）使用"文字工具"在草绿色图形中绘制文本框并输入文字，接着在控制栏中设置合适的字体、字号和颜色，按Ctrl+T组合键调出"字符"面板，在打开的"字符"面板中设置"行距"为18pt，如图11-40所示。

图 11-40

（22）继续使用"文字工具"输入其他文字，如图11-41所示。

图 11-41

（23）选择工具箱中的"直线段工具"，在文字下方绘制一条直线，接着设置"填充"为无、"描边"为白色、"描边粗细"为3pt，如图11-42所示。

（24）使用同样的方法在画面中的合适位置绘制其他直线，如图11-43所示。

图 11-42

图 11-43

（25）使用同样的方法制作网页下部分内容，如图11-44所示。

图 11-44

（26）选择工具箱中的"直线段工具"，在画面底部叶绿色矩形下方绘制一条直线，接着设置"填充"为无、"描边"为浅蓝灰色、"描边粗细"为2.5pt，如图11-45所示。

（27）继续使用"直线段工具"绘制另外两条直线，使其组成箭头形状，如图11-46所示。

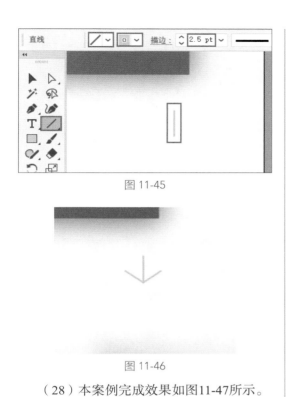

图 11-45

图 11-46

（28）本案例完成效果如图11-47所示。

图 11-47

第12章

休闲食品包装

文件路径：资源包\案例文件\第12章 包装设计综合应用\休闲食品包装设计

本章将完成一个休闲食品包装的设计，效果如图 12-1 所示。

本章要点

图 12-1

12.1 项目诉求

本案例为一款主打健康、天然的曲奇饼干包装设计项目。要求在包装盒上突出产品特点和优势，如口感、材料等，并通过包装盒的形状、颜色和图片等呈现方式，让用户了解产品特点和使用价值。设计师需要通过合理的色彩搭配使包装盒整体颜色和谐，突出产品特点和品牌形象，提高产品辨识度。

12.2 设计思路

本案例的包装盒力求突出产品的特点和品牌形象，配色要传达出清新、自然、健康的品牌形象。同时，在包装盒上加入了美味的曲奇饼干，增强了视觉吸引力，让用户一眼便对产品产生好感。在包装盒的正面可以重点突出产品的特点和优势，如产品的口感酥脆、制作材料等，使得用户对产品的特点和使用价值有更加深刻的了解。

12.3 配色方案

包装盒设计提供了两种配色方案，如图12-2和图12-3所示。两款包装盒均采用了中明度的色彩基调，以高明度的浅色作为背景颜色，营造了轻柔的氛围。在浅色的衬托下，橙色和紫红色都更显明艳，使人产生不同口味的联想。红色作为点缀再次加入暖色调色彩，更好地刺激了观者的食欲，美味之感怦然而生。产品名称使用了白色，与背景色产生了较强的明暗对比，使品名更突出。

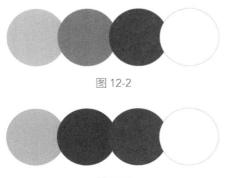

图 12-2

图 12-3

12.4 项目实战

1. 制作包装平面图

（1）执行"文件>新建"命令，新建一个"宽度"为352mm、"高度"为296mm的文档。选择工具箱中的"矩形工具"，在画面的左上角绘制一个矩形，设置"填充"为浅橙黄色、"描边"为无，如图12-4所示。

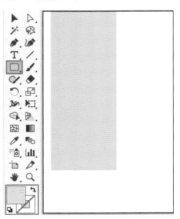

图 12-4

（2）使用"选择工具"选中矩形，打开"属性"面板，单击"更多选项"按钮 ，单击取消"链接圆角半径值"按钮，设置左上角和右上角的"圆角半径"均为10mm，如图12-5所示。

图 12-5

（3）此时图形效果如图12-6所示。

191

图 12-6

（4）制作包装侧面。使用"矩形工具"在浅橙黄色图形右侧绘制一个矩形，设置"填充"为相同的颜色、"描边"为无，如图12-7所示。

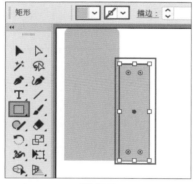

图 12-7

（5）选择工具箱中的"钢笔工具"，在矩形上方绘制一个梯形，设置"填充"为浅橙黄色、"描边"为无，如图12-8所示。

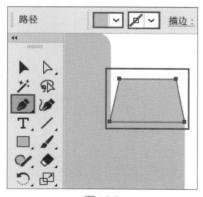

图 12-8

（6）选中梯形，双击工具箱中的"镜像工具"，在弹出的"镜像"对话框中选中"水平"单选按钮，接着单击"复制"按钮，如图12-9所示。

图 12-9

（7）将复制的梯形移动到矩形下方，效果如图12-10所示。

图 12-10

（8）选中所有图形，使用"镜像工具"将其镜像并复制后，移动到画面右侧，如图12-11所示。

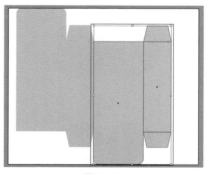

图 12-11

（9）使用"钢笔工具"在画面最右侧绘制粘贴区域，此时包装盒平面图的底色部分制作完成，如图12-12所示。

图 12-12

（10）执行"文件>置入"命令，置入素材1（1.png），并在控制栏中单击"嵌入"按钮，如图12-13所示。

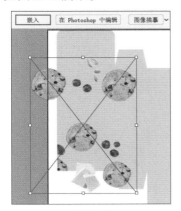

图 12-13

（11）选中包装正面的图形，按Ctrl+C组合键进行复制。选中素材1，按Ctrl+F组合键将其粘贴在素材1的前面。选中矩形与素材1，单击鼠标右键，在弹出的快捷菜单中执行"建立剪切蒙版"命令，如图12-14所示。

图 12-14

（12）此时包装正面的效果如图12-15所示。

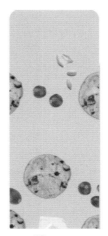

图 12-15

（13）选中工具箱中的"矩形工具"，在包装正面绘制一个矩形，设置"填充"为橙色、"描边"为无，如图12-16所示。

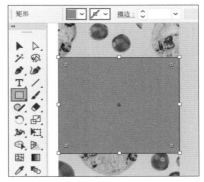

图 12-16

（14）选择工具箱中的"椭圆工具"，在橙色矩形左上角绘制一个正圆，设置"填充"为橙色、"描边"为无，如图12-17所示。

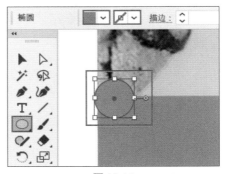

图 12-17

（15）选中正圆，在向橙色矩形右侧拖曳的同时按住Shift+Alt组合键，将其移动并复制一份，如图12-18所示。

图 12-18

（16）双击工具箱中的"混合工具"按钮，在弹出的"混合选项"对话框中设置"间距"为"指定的步数"、数值为23，单击"确定"按钮，如图12-19所示。

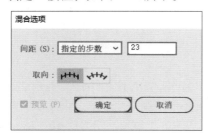

图 12-19

（17）选择"混合工具"，依次单击两个正圆创建混合，如图12-20所示。

图 12-20

（18）选中混合的正圆图形，将其复制一份并移动到橙色矩形下方，如图12-21所示。选中混合的正圆图形和橙色矩形，按Ctrl+G组合键进行编组。

图 12-21

（19）使用剪切蒙版隐藏超出正面图的部分。使用"矩形工具"绘制一个与包装正面等宽的矩形，如图12-22所示。

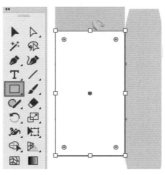

图 12-22

（20）选中矩形和橙色图形，执行"对象>剪切蒙版>建立"命令，此时画面效果如图12-23所示。

图 12-23

（21）执行"文件>打开"命令，打开文字素材5（5.ai）。使用工具箱中的"选择工具"选中标志，按Ctrl+C组合键进行复制，如图12-24所示。

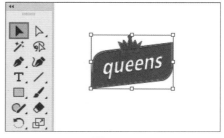

图 12-24

（22）返回操作文档，按Ctrl+V组合键将标志粘贴到画面中并移动至合适位置，如图12-25所示。

图 12-25

（23）选择工具箱中的"文字工具"，在画面中单击后输入文字，接着在控制栏中设置合适的字体、字号和颜色，如图12-26所示。

图 12-26

（24）继续使用"文字工具"输入其他文字，此时正面图制作完成，效果如图12-27所示。

图 12-27

（25）选中正面图中除背景图形外的所有元素，将其复制一份并向右侧移动，如图12-28所示。

图 12-28

（26）使用"矩形工具"在侧面绘制一个矩形，设置"填充"为橙色、"描边"为无，如图12-29所示。

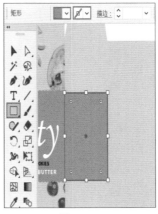

图 12-29

（27）再次通过"混合"功能制作连续的圆形装饰，并移动到矩形顶部，如图12-30所示。

图 12-30

（28）选中混合的正圆，将其移动并复制一份，摆放在橙色矩形底部，如图12-31所示。选中混合正圆与矩形，按Ctrl+G组合键进行编组。

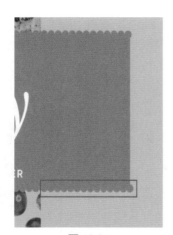

图 12-31

（29）选择工具箱中的"矩形工具"，在正侧面绘制一个矩形，如图12-32所示。

图 12-32

（30）选中矩形和橙色图形组，执行"对象>剪切蒙版>建立"命令，此时画面效果如图12-33所示。

图 12-33

（31）再次从打开的文字素材中选中标志文字，按Ctrl+C组合键进行复制，接着返回操作文档，按Ctrl+V组合键将其粘贴到画面中，调整至合适的大小并移动至侧面上方位置，如图12-34所示。

图 12-34

（32）选中正面图中的标志及下方的文字，将其移动并复制一份，摆放在侧面上方的合适位置并适当缩小，然后更改文字颜色，如图12-35所示。

图 12-35

（33）选择工具箱中的"文字工具"，在画面中输入文字，设置合适的字体、字号和颜色，然后设置"段落对齐方式"为"居中对齐"，如图12-36所示。

图 12-36

（34）使用"文字工具"在画面中绘制文本框后输入文字，选中文本框，在控制栏中设置合适的字体、字号和颜色，按Alt+Ctrl+T组合键调出"段落"面板，单击"居中对齐"按钮将文字居中对齐，如图12-37所示。

图 12-37

（35）使用同样的方法制作下方段落文字，如图12-38所示。

图 12-38

（36）制作包装右侧侧面图。将标志、标志文字与说明文字复制一份并移动到右侧，然后依次添加文字与成分表，如图12-39所示。

图 12-39

（37）将素材2（2.jpg）和3（3.jpg）置入文档中并嵌入，接着将这两个素材移动到右侧侧面图底部，如图12-40所示。

图 12-40

（38）在条形码下方添加数字，此时浅橙黄色包装的平面图制作完成，效果如图12-41所示。

图 12-41

（39）复制制作好的平面图，更改各部分的颜色，得到第二款包装盒平面图，效果如图12-42所示。

图 12-42

2. 制作包装展示效果

（1）单击工具箱中的"画板工具"按钮，然后在控制栏中单击"新建画板"按钮,创建一个新画板。接着在控制栏中设置"宽度"为705mm、"高度"为490mm,如图12-43所示。

图 12-43

(2)执行"文件>置入"命令,置入素材4(4.png),并在控制栏中单击"嵌入"按钮,如图12-44所示。

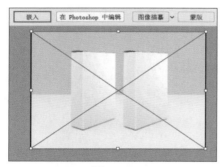

图 12-44

(3)将浅橙黄色包装的正面平面图复制一份并移动至画面空白位置,接着使用"矩形工具"在正面图顶部绘制一个矩形,如图12-45所示。

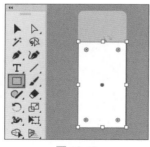

图 12-45

(4)选中矩形和正面图的所有内容,执行"对象>剪切蒙版>建立"命令,此时画面效果如图12-46所示。

图 12-46

(5)选中正面图,执行"对象>栅格化"命令,在弹出的"栅格化"对话框中设置"颜色模型"为RGB,单击"确定"按钮,如图12-47所示。

图 12-47

(6)继续使用同样的方法制作侧面图,此时正面图和侧面图效果如图12-48所示。

图 12-48

(7)选择工具箱中的"钢笔工具",沿着包装盒的正面绘制一个四边形,如图12-49所示。

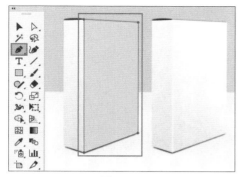

图 12-49

（8）选中正面图将其移动到四边形上方，执行"对象>排列>后移一层"命令将其移动至四边形下层，如图12-50所示。

图 12-50

（9）选中四边形和正面图，执行"对象>封套扭曲>用顶层对象建立"命令，此时画面效果如图12-51所示。

图 12-51

（10）选中正面图，执行"窗口>透明度"命令，打开"透明度"面板，在其中设置"混合模式"为"正片叠底"，如图12-52所示。

图 12-52

（11）使用"钢笔工具"沿着包装盒侧面绘制一个四边形，如图12-53所示。

图 12-53

（12）选中包装侧面图，将其移动至包装盒上方，然后调整至四边形下层，如图12-54所示。

图 12-54

（13）选中四边形和侧面图，执行"对象>封套扭曲>用顶层对象建立"，此时画面效果如图12-55所示。

图 12-55

（14）选中侧面图，在打开的"透明度"面板中设置"混合模式"为"正片叠底"，如图12-56所示。

图 12-56

（15）使用同样的方法制作紫色包装盒，本案例完成效果如图12-57所示。

图 12-57